模件造园——中国古典园林现代空间设计教程

田朝阳

刘路祥 等 著

U0192075

中国建筑工业出版社

# 自序

## 中国古典园林独立的空间设计教学体系的构建

**缘起**

  这是一本专门针对中国古典园林的设计教程，也是《中国古典园林与现代转译十五讲》一书的姊妹篇。《中国古典园林与现代转译十五讲》主要讲述了中国古典园林的理论与空间模式，本书则侧重于空间操作。

  中国古典园林是世界园林独特的一支。然而，遗憾的是国内除了少数大学在博士或硕士阶段开设专门的中国古典园林设计课程之外，鲜有大学在本科教育阶段设立专门的古典园林设计课程。这导致毕业的本科生不能掌握中国古典园林的设计理念与设计方法，无法满足文化自信的大背景下社会对中国古典园林设计人才的大量需求。此中原因很多，其一是中国古典园林的理论过于庞大且缺乏系统的总结，难以掌握；其二是教学中没有意识到中国古典园林与西方园林的设计语言截然不同，需要独立的设计教学体系；其三是只有通用的设计教材和大量的古典园林辅助教学资料，如彭一刚院士的《中国古典园林分析》，却没有专门的中国古典园林设计教材，因而无法教授；其四是古典园林缺乏设计训练的前奏和基础，如空间设计教学训练等。这样下去，极不利于中国古典园林的传承和发展。

  目前，我国的园林空间教学依然沿用建筑学的空间训练方法，而且是建筑学最初的空间训练——包豪斯教学体系，园林界对空间教学的研究极少。而目前建筑学的空间教学已经发生了很大变化；况且，中西方古典（传统）园林有着完全不同的设计语言和审美标准，很难用同一种空间训练方法进行教学。

## 目的

本书试图对建立中国古典园林专门的空间教学体系做出初步尝试，为开设专门的古典园林设计课程和编写专门的古典园林设计教材奠定基础。

在中国历史上，山水画的初步学习教材有《芥子园画谱》。那么，针对山水园的学习，为什么不能编写一本《芥子园园谱》作为初学者的教材或教程呢？绘画与造园相似，只不过绘画是二维的；虽然绘画也讲空间经营，即"构图"，但不是重点。《芥子园画谱》作为初学者的入门教材，把重点放在了体现画面效果的绘画元素上；园林则不同，其重点在于空间经营。《芥子园画谱》已经将绘画元素图解得很清楚；而本书作为初学者的教材，则将重点放在了空间操作上；通过空间模件的拆分与组合，构建众多类同形异的空间模型。

需要声明的是，本书的编写目的不是为了培养园林设计大师，而在于以下三点：

第一，编辑一本专门化、简单化、初级化、图示化、模件化的中国古典园林现代转译的速成教材，这在中国园林史上是第一次；

第二，通过这本书，使学生和设计师在短期内掌握中国古典园林现代转译的设计方法；

第三，通过本书的学习，学生和设计师可以使中国古典园林迅速地走出留园、艺圃、拙政园、网师园等历史名园，走进现实社会的公园、街头、居住区……完成中国古典园林的现代普及，这是几代中国园林人的梦想。

## 写作特点

为了达到上述目的，本书的写作具有以下四个特点：

第一，原型化，便于理解原理。著名建筑师张永和说过，进了留园，在我的印象中，除了空间还是空间。说明中国古典园林具有"类同形异"的特征。因此，寻找一个能代表中国古典园林的"原型"，并对它进行分析，总结出一般规律，就不失为一条捷径。

第二，模件化，便于空间操作。德国著名汉学家雷德侯（Lothar Ledderose）在《万物：中国艺术中的模件化和规模化生产》一书中提出一组关于模件、模件体系、模件化的概念。汉字是一个模件体系的典范。汉字分为元素（笔画）、模件（偏旁部首）、单元（单字）、序列（一组同部类的字）、总集（全部汉字）这由简到繁的5个层级，每个汉字都可以由分拆的模件（偏旁部首）构成。看上去这些模件比拼音文字的字母复杂，但就是靠这些稍微复杂一些的模件，汉字赢得了在构字、构词、丰富性、复杂性、美感、直观、传达久远、文化连续性等方面的一系列比较优势。众多的模件构成体系、模件的运用渗透在中国艺术和中国文化的各个方面，形成模件化。基于中国园林与中国汉字同样具有"类同形异"的特征，因此可以说模件化不失为一种简化的学习方法。

第三，模型化，便于视觉观摩。园林是视觉的艺术，而文字描述是苍白的；园林更是空间的艺术，而平面表达也是苍白的，只有模型才是准确的表达方式。故本书以模型为主，文字为辅。

第四，素材化，便于学习参考。本书提供了大量模件造园的案例，供读者学习借鉴。

**主要内容**

本书主要内容包括以下五个部分。

第一部分：形以载道——构建中国古典园林独特空间设计体系的必要性；

第二部分：原型分析——中国古典园林现代转译的模件化空间操作理论；

第三部分：模件造园——中国古典园林现代转译的模件化空间操作方法；

第四部分：作品集锦——中国古典园林现代转译的模件化空间操作效果；

第五部分：实践案例——郑州植物园园艺体验区空间设计研究。

**理论背景**

　　本书提出构建中国古典园林独特空间训练体系的想法，源于中国美术学院王欣老师一系列教学改革的文章和作品，尤其是王澍老师在王欣老师《如画观法》一书的序中所写的文字："包豪斯对现代建筑学最重要的贡献就是特殊的基础教学。如果要有一种当代中国的本土建筑学存在，首先就需要有一种归属于中国特殊的哲学思想的建筑基础教学的存在"。因此，要感谢王澍和王欣两位老师。

　　本书提出"原型"的概念，得益于本书作者在研究生时期所学的专业——植物学。因此，要感谢恩师丁宝章、姚鹏凌、王遂义老师。

　　本书选择"竹园"作为原型，得益于王向荣老师所设计的"竹园"项目及其设计说明。因此，要感谢王向荣老师。

　　本书提出"模件"的概念，要感谢雷德侯先生。

　　本书获得"模件"的方法"解构"，要感谢王昀老师。

　　本书提出"空间操作"的概念，要感谢东南大学朱雷老师的一系列文章，尤其是《空间操作：现代建筑空间设计及教学研究的基础与反思》一书。


**致谢**

　　感谢我的学生刘路祥参与了本书相关章节的撰写以及对本书进行了最终的统稿与梳理。感谢刘阳阳、赵子冬等同学，他们辅助我完成了文字编写和绘图。另外，我的研究生杨清、陈琳、黄文铎、宋娜娜、王心怡等，做了大量的设计作品，为本书提供了作品集锦的素材。同时，感谢淮北师范大学风景园林专业的颜婷婷老师以及包平安、李闵等同学为本书提供的设计作品。

　　最后，要感谢我的夫人和女儿，夫人要忍受我每天唠唠叨叨的专业讲述。女儿是学园林的，她给了我写作本书的巨大动力。

　　本书属于急功近利之作，迫不及待地希望中国古典园林走出象牙塔，走向现实生活。书中的不当之处，敬请读者批评指正。

**注释**

  本书的书名及正文采用了"中国古典园林"一词，与其他学者在论文及论著中所说的"中国传统园林"一词内涵并无差异，主要指的都是以苏杭地区为代表的江南私家园林。

**本书编写分工**

  第1章：田朝阳、刘路祥；

  第2章：田朝阳、刘路祥、吴军基、赵子冬；

  第3章：刘路祥、田朝阳；

  第4章：刘路祥、颜婷婷；

  第5章：刘路祥、田朝阳。

田朝阳

2022年3月

# 目录

# 1
# 形以载道——构建中国古典园林独特空间设计体系的必要性

## 1.1 空间设计教学体系之于设计的重要意义

园林是空间的艺术，其品质包括可见的空间表象特征和隐藏的空间深层特质。

园林艺术的表象特征是可见的空间界面特征，是园林的皮毛，是相对易变的，包括具象的月亮门、花格窗、亭台楼阁、假山、小桥流水等形式符号特征，浓妆淡抹总相宜的色彩符号特征，以及木材、湖石、松、竹、梅等材料符号特征。然而，随着时代的变迁，这些表象特征已经无法适应现代园林的发展。

园林艺术的深层特质是其隐藏的空间深层特征，是园林空间艺术的精髓，是相对永恒的，是我们应该传承的精华。所以，空间设计教学是设计课程的核心。不论组成园林的建筑、山水、植物多么重要，它们都是空间设计的元素或材料，都是为空间设计服务的。作者的设计意图在很大程度上是依靠空间设计来体现的。因此，空间设计教学体系的重要性不言而喻。

## 1.2 西方空间设计教学体系的形成和演化

学院式的建筑教育起源于西方，代表是巴黎美术学院。其发展大约经历了如下几个阶段。

## 第一阶段：巴黎美术学院体系（鲍扎体系）的临摹法

在古典建筑盛行时期，主要任务是教授古典主义建筑。以巴黎美术学院为代表的教育体系所采用的主要方法是临摹大量古典建筑大师的作品，重点是建筑立面构图，总结归纳里面的柱式、比例、均衡等构图规律。其原型是众多的古典建筑。这种方法的缺点是古典作品的临摹太多，但总结不够，主要靠学生通过临摹，自己领悟，故又称为领悟式的传授方法。

## 第二阶段：迪朗的古典建筑类型图解法

19世纪初，在巴黎美术学院以古典建筑样式为核心，用渲染、临摹和快图等方法传授古典建筑设计的同时，法国高等理工学院的迪朗（Jean-Nicolas-Louis Durand）教授，使用另一种方法传授古典建筑设计。他用图解的方法对古典建筑的形态结构进行分类，总结出古典建筑中的平行构成、L形构成和十字构成等规律。他所采用的方法是简化、抽象和归类，这样就把原来纷繁复杂的古典建筑抽象成基本的几何图形结构，学员可以通过这种构成系统获得古典体系中构图的一些最重要策略和方法（图1-2-1）。它标志着设计分析在建筑设计教学中的开端。

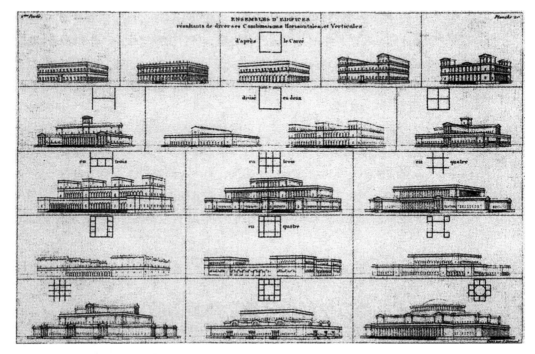

图1-2-1　迪朗的平面类型分析
（资料来源：韩冬青. 分析作为一种学习设计的方法［J］. 建筑师，2007（1）：5-7.）

### 第三阶段：包豪斯的现代构成理论

包豪斯（1919—1933年）的教学内容不仅是建筑，还包括多种工业设计和纯艺术作品，因而它对整个现代设计教育具有深远的影响。其代表理论就是平面构成、色彩构成和立体构成。平面构成的原型是保罗·克利（Paul Klee）和凡·杜伊斯堡（Theo van Doesburg）的点线面作品（图1-2-2），立体构成的原型是康定斯基（Wassily kandinsky）的构图作品（图1-2-3），他们几乎成为风格派建筑的形态注解。

包豪斯教学中的分析作为一种思维方法，影响了每一位学员。一个设计与其评判它的结果，不如追问其设计机制是如何展开的。只有具有现代思维特征的设计过程，才能催化出一个具有现代主义特征的设计作品。学院派的思维方法不可能创造出一个具有现代主义本质特征的设计作品。可以说包豪斯的教学方法催生了现代主义建筑。

图1-2-2　凡·杜伊斯堡的空间构成作品
（资料来源：Alexander Caragonne. The Texas Rangers：Notes from an Architectural Underground［M］. Cambridge：The MIT Press，1944.）

### 第四阶段：得州骑警的"九宫格"练习

得州骑警（1951—1958年）是指20世纪50年代美国得州大学奥斯汀建筑学院的一批具有先锋思想的年轻教员，包括伯纳德·赫伊斯利（Bernnard Hoesli）、柯林·罗（Colin Rowe）、约翰·海杜克（John Hejduk）和鲍勃·斯拉茨基（Bob Slutzky）等人。他们认为，巴黎美术学院有一套严格的古典建筑设计的教学体系，按照这个程序就能学会古典建筑设计；因此，古

图1-2-3　康定斯基的作品

典建筑是可以教的。现代建筑是否能教授，如何使现代建筑成为可以传授的知识和方法体系（Making Morden Architecture Teachable）是得州骑警想要回答的基本问题。他们系统地发展了现代建筑教育的理念和方法。

他们将设计分析作为教学的一项基本策略与方法。通过对著名古典建筑——圆厅别墅（图1-2-4、图1-2-5）的系统分析，并把它作为原型，发展出了著名的"九宫格"练习法（图1-2-6）。

图1-2-4　圆厅别墅

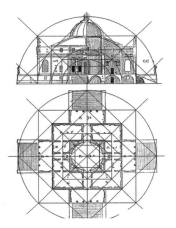

图1-2-5　圆厅别墅立面与平面

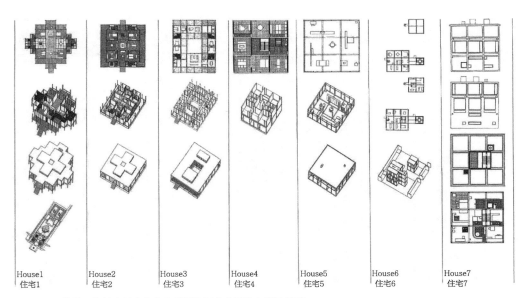

House1
住宅1
House2
住宅2
House3
住宅3
House4
住宅4
House5
住宅5
House6
住宅6
House7
住宅7

图1-2-6　约翰·海杜克以九宫格为母题的得克萨斯住宅设计系列
（资料来源：朱雷. 空间操作：现代建筑设计及教学研究的基础与反思 [M]. 南京：东南大学出版社，2015：65.）

除了上述设计教学方法和体系外，国外建筑界还有一些特殊的教学方法，如以阿道夫·路斯（Adolf Loos）的穆勒住宅为原型的空间体量设计（Raumplan，也有的译作空间设计），以勒·柯布西耶（Le Corbusier）的萨伏伊别墅为原型的自由平面法（Plan Libre）。

不难看出，以上设计教学方法，多为建筑学的教学方法，其中只有包豪斯的构成法有可能被引入园林设计教学，而它也确实对园林设计产生了巨大影响。

# 1.3 中国空间设计教学体系的现状、变革及效果

## 1.3.1 现状

由于中国现代建筑教育是全盘西化的，所以，中国一直沿用西方建筑教育的教学方法。从梁思成引入巴黎美术学院（鲍扎体系）的临摹法开始，并沿着迪朗的古典建筑类型图解法、包豪斯的现代构成理论、得州骑警的"九宫格"练习逐步引入。虽然葛明、顾大庆等人也在研究新的设计教学方法，但终究不是主流。

## 1.3.2 变革的动力

随着地域主义建筑的发展，国内有识之士意识到，只有民族的才是世界的。什么样的方法产生什么样的建筑作品，要创作具有中国特色的建筑作品，必须创建独特的设计方法和体系。21世纪初，王澍、王欣等人开始了对新的教学方法的探讨和尝试。

## 1.3.3 变革的效果

中国美术学院的王欣等人彻底抛弃西方的设计教学方法，以中国的假山、国画、砖雕、笔筒、文玩为原型，进行了一系列设计教学改革，试图建立一套独具中国特色的教学体系。其教学作品主要收录在《如画观法》一书中，包括"类型练习""如画观法十五则""观器二则""苏州补丁七记""武鸣贰号园""大广间"等（图1-3-1）。这些改革在某种程度上动摇了现有的教学方法，产生了很好的效果，极大地开阔了我们的视野。但是，这些设计教学改革主要是针对建筑学的，对于中国古典园林设计，犹如隔靴搔痒，不够直接。中国园林界急需寻找中国古典园林独特的设计教学方法。

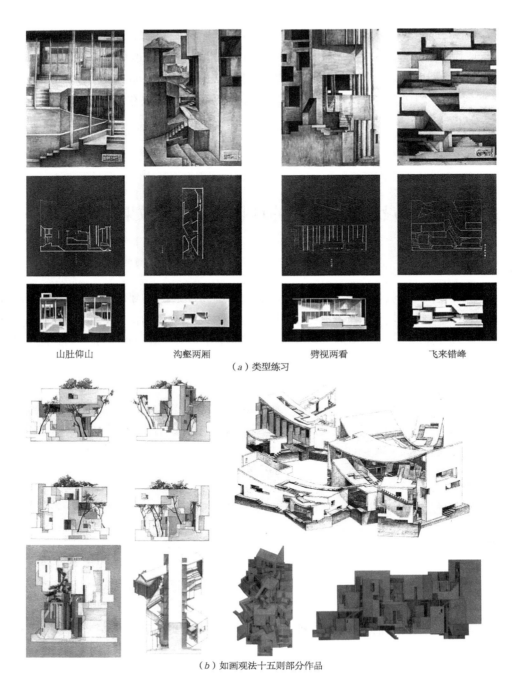

山肚仰山          沟壑两厢          劈视两看          飞来错峰

（a）类型练习

（b）如画观法十五则部分作品

图1-3-1 《如画观法》一书中的作品（1）
（资料来源：王欣. 如画观法［M］上海：同济大学出版社，2015.）

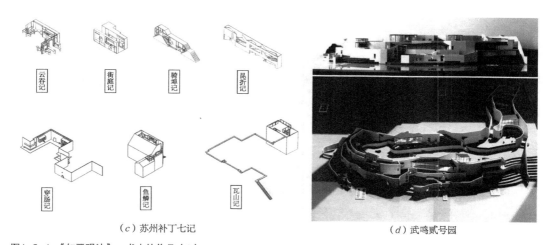

（c）苏州补丁七记                                       （d）武鸣贰号园

图1-3-1 《如画观法》一书中的作品（2）
（资料来源：王欣. 如画观法［M］. 上海：同济大学出版社，2015.）

# 1.4 建筑空间设计教学训练体系对园林的影响

由于建筑界与园林界的特殊关系，园林界一直沿用建筑学的设计教学体系，尤其是空间教学方法，没能建立起自己独立的教学体系；正如黑格尔所说："园林是建筑发育不良的小姐妹"。目前，对园林界教学影响最大的还是包豪斯的构成理论和方法。

## 1.4.1 建筑空间教学训练体系对西方园林设计教学的影响

由于包豪斯的点线面的构成理论与西方古典园林具有天然的相似性，所以，它很适于西方古典园林的教学（图1-4-1）。在包豪斯的设计方法指导下，西方很多现代和后现代园林设计也比较符合点线面的构图原则（图1-4-2～图1-4-5）。

## 1.4.2 建筑空间教学训练体系对中国园林设计教学的影响

以点、线、面为起点，基于欧氏几何的包豪斯构成方法作为园林设计教学方法，起源于20世纪的包豪斯，20世纪40年代末传入日本，20世纪70年代传入中国香港，80年代传入中国内地高校，由此中国的设计师开始全面接受西方教育体系。2011年我国园林界知名学者章俊华先生在权威期刊《中国园林》上发表了"论风景园林的空间构成教学"一文，极力推荐包豪斯的

图1-4-1 西方古典园林——意大利兰特庄园（左图）和法国沃勒维贡特府邸花园（右图）鸟瞰图
（左图资料来源：王向荣，林菁. 西方现代景观设计的理论与实践［M］. 北京：中国建筑工业出版社，2002.
右图资料来源：朱建宁. 西方园林史［M］. 北京：中国林业出版社，2008.）

图1-4-2 现代主义美术作品
（资料来源：王向荣，林菁. 西方现代景观设计的理论与实践［M］. 北京：中国建筑工业出版社，2002.）

图1-4-3 西方现代主义景观作品璐勒斯花园
（资料来源：王向荣，林菁. 西方现代景观设计的理论与实践［M］. 北京：中国建筑工业出版社，2002.）

图1-4-4 后现代主义景观作品凯宾斯基酒店花园
（资料来源：王向荣，林菁. 西方现代景观设计的理论与实践［M］. 北京：中国建筑工业出版社，2002.）

图1-4-5 解构主义代表作品拉维莱特公园
（资料来源：王向荣，林菁. 西方现代景观设计的理论与实践［M］. 北京：中国建筑工业出版社，2002.）

构成理论，由此也可看出构成理论对园林的影响之大（图1-4-6）。

### 1.4.3 建筑空间教学训练体系对中国园林设计作品的影响

在2007年第六届中国（厦门）国际园林花卉博览会上，首次设立大师园。罗哲文、梁永基等先生在内的所有专家寄予厚望。密斯·凡·德·罗（Mies van der Rohe）设计的德国馆就

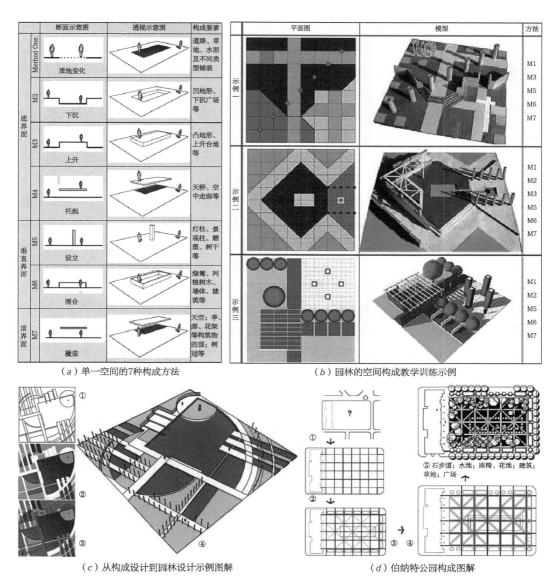

（a）单一空间的7种构成方法　　　　　　（b）园林的空间构成教学训练示例

（c）从构成设计到园林设计示例图解　　　　（d）伯纳特公园构成图解

图1-4-6　章俊华教授的空间构成教学训练
（资料来源：张清海，章俊华. 论风景园林的空间构成教学［J］. 中国园林，2011，27（7）：36-40.）

是在1929年的巴塞罗那博览会上产生的，他们相信设计师们会在厦门园博会留下几件优秀的作品，并且能在园博会结束后，带给中国园林界一些深远的影响。

　　参与活动的风景园林师人选由中国风景园林学会推荐，风景园林师园共邀请了8位风景园林师；其中，国内5名、国外3名。大家认为，设计师应具有不同的学术背景，国外风景园林师应来自不同的国家，同时要求候选人是近几年活跃在风景园林界的中青年风景园林师。由此，最后确定的风景园林师分别是：南京林业大学的王浩教授、北京林业大学的王向荣教授（留德博士）和朱建宁教授（留法博士）、清华大学的章俊华教授（留日博士）、北京土人景观的俞孔坚教授（留美博士）五位国内风景园林师，以及日本的吉村纯一先生、美国的李春风先生和法国的莉莉卡女士三位国外风景园林师。

　　然而，应邀参与的8位著名风景园林设计师的作品中（图1-4-7），有7位都在设计说明中谈道包豪斯的构成方法，虽有传承中国古典园林的只言片语，或口号或"园名"，但其设计作品几乎没有"中国味"，令人扼腕叹息。尤其是章俊华先生的作品"Landscape 新浪潮"，其在介绍设计作品的文章中说，"Landscape 新浪潮"既要展现社会发展的新纪元，又要体现中国传统造园文化［图1-4-7（f）］，但作品构成的意味很浓。只有王向荣的作品看不出构成的痕迹，把自己的园子名字命名为"竹园：融合传统的现代"［图1-4-7（h）］；而且在设计说明中，具体而详尽地介绍了传承中国古典园林的设计细节。这批作品的是非功过，留给读者自己品味。不可否认的是，他们对中国园林的设计影响是巨大的。当然，这是十几年以前的事情，当时全社会还没有提出文化自信，没有意识到文化对一个国家强大的战略意义，这些设计师也不可能摆脱时代背景的影响。如今重提这些事情，不是为了责怪或批评这些设计师和作品，而是回顾这段过往。

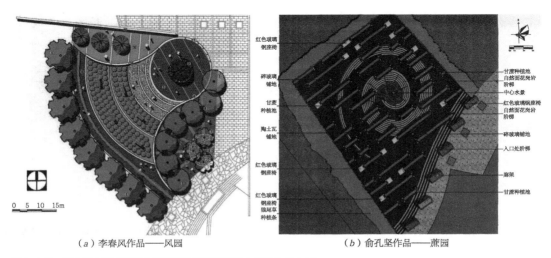

（a）李春风作品——风园　　　　　　　　　　（b）俞孔坚作品——蔗园

图1-4-7　第六届中国（厦门）国际园林花卉博览会大师园作品（1）
（资料来源：第六届中国（厦门）国际园林花卉博览会风景园林师园作品展示［J］. 风景园林，2007（4）：55-71.）

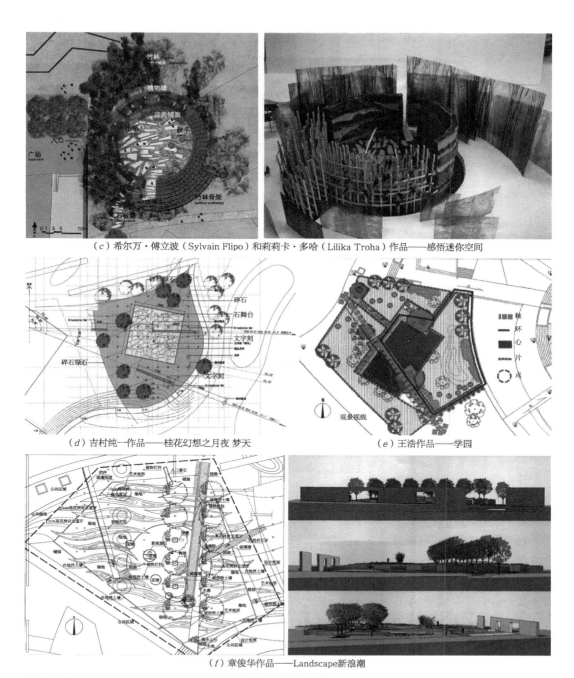

（c）希尔万·傅立波（Sylvain Flipo）和莉莉卡·多哈（Lilika Troha）作品——感悟迷你空间

（d）吉村纯一作品——桂花幻想之月夜 梦天　　　　　　（e）王浩作品——学园

（f）章俊华作品——Landscape新浪潮

图1-4-7　第六届中国（厦门）国际园林花卉博览会大师园作品（2）
（资料来源：第六届中国（厦门）国际园林花卉博览会风景园林师园作品展示［J］风景园林，2007（4）：55-71.）

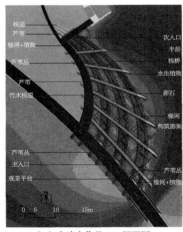

（g）朱建宁作品——网湿园 　　　　　　　　　（h）王向荣作品——竹园：融合传统的现代

图1-4-7　第六届中国（厦门）国际园林花卉博览会大师园作品（3）
（资料来源：第六届中国（厦门）国际园林花卉博览会风景园林师园作品展示［J］风景园林，2007（4）：55-71.）

# 1.5　对中国园林空间设计教学体系的反思

不同的设计对象，需要不同的设计方法，巴黎美术学院的鲍扎体系是专门应对西方古典建筑的设计方法，包豪斯的构成教学法催生了现代建筑，得州骑警的"九宫格"练习使学生可以快速地掌握现代建筑的设计。同样，中国古典园林的设计教学也需要有自己独立的设计教学方法和体系。

## 1.5.1　中国古典园林与构成教学的关系

包豪斯的构成教学是20世纪80年代进入中国大学教育的。在此之前，中国古典园林的经典作品中，看不到构成教学的影子。仔细分析这些案例，会发现其中没有轴线、比例、对称、均衡、韵律等构成教学的痕迹，更看不到圆形、正方形、长方形等几何形式（图1-5-1）。

## 1.5.2　中国近代园林与构成教学的关系

近代时期，在一些城市的租界地出现了一批由国外设计师设计的公园（图1-5-2、图1-5-3）；其中，轴线、比例、对称、均衡、韵律等设计手法比比皆是，圆形、正方形、长方形等几何形式随处可见。

图1-5-1　中国古典园林造园要素的分形
（资料来源：改绘自"魏民. 风景园林专业综合实习指导书——规划设计篇［M］. 北京：中国建筑工业出版社，2007."）

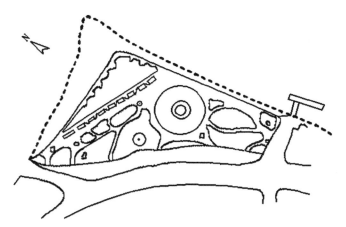

图1-5-2　上海外滩公园平面图
（资料来源：王献，王晓炎，田朝阳. 园林设计的折衷主义现象之反思［J］. 中国园林，2017，33（11）：76-80.）

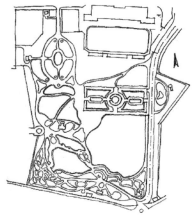

图1-5-3　法国公园平面图
（资料来源：谢圣韵. 上海租界园地研究［D］. 上海：上海交通大学，2008.）

### 1.5.3　20世纪50—60年代中国园林与构成教学的关系

　　20世纪50—60年代设计的著名公园，如北京的紫竹院公园、杭州的花港观鱼、上海的长风公园（图1-5-4），依然延续了古典园林的形式，而看不到构成教学的痕迹，如轴线、比例、对称、均衡、韵律，以及圆形、正方形、长方形等。

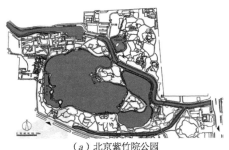

（a）北京紫竹院公园　　　　　（b）杭州花港观鱼公园　　　　　（c）上海长风公园

图1-5-4　延续中国古典园林形式的现代公园
（资料来源：魏民. 风景园林专业综合实习指导书——规划设计篇［M］. 北京：中国建筑工业出版社，2007.）

## 1.5.4　20世纪80年代以后中国园林与构成教学的关系

　　20世纪80年代以后，构成理论等成为国内高校园林设计专业的基础教育科目；同时，大量西方大师的作品、理论被介绍进来。一些国内设计师开始盲目跟风，从"形式借鉴"到"形式抄袭"，以及各种风格的融合使得许多设计作品呈现出折中主义倾向。这种园林设计的折中主义主要表现为局部抽象的几何图形、轴线、规则的模纹花坛与西方古典园林形式的混杂、拼贴。如杭州花圃整体采用自然式布局（图1-5-5），而莳花广场作为其中的一部分则采用典型的西方规则式布局。此外，还有整体对称布局的杭州万向公园，通过轴线控制全园的上海静安公园（图1-5-6）、徐家汇公园（图1-5-7）以及延安中路大型绿地公园（图1-5-8）等。

图1-5-5　杭州花圃莳花广场局部（左图）与凡尔赛宫局部（右图）对比图
（左图资料来源：朱观海. 中国优秀园林设计集［M］. 天津：天津大学出版社，2002. 右图资料来源：周武忠. 寻求伊甸园——中西古典园林艺术比较［M］. 南京：东南大学出版社，2001.）

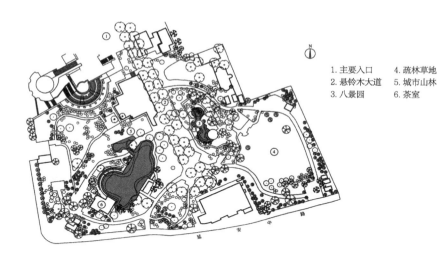

1. 主要入口　　4. 疏林草地
2. 悬铃木大道　5. 城市山林
3. 八景园　　　6. 茶室

图1-5-6　上海静安公园
（资料来源：魏民. 风景园林专业综合实习指导书——规划设计篇［M］. 北京：中国建筑工业出版社，2007.）

1. 主入口广场
2. 烟囱
3. ART DECO风格区
4. 法式建筑
5. 中心湖泊
6. 景观天桥
7. 都市桃花源
8. 绿地花园
9. 老城厢平面
10. 溪流
11. 叠水
12. 上海民居
13. 艺术天地
14. 奇花异草区

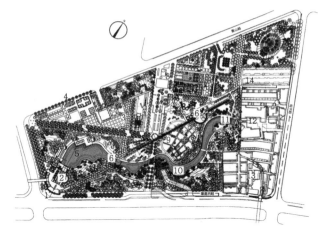

图1-5-7　上海徐家汇公园
（资料来源：魏民. 风景园林专业综合实习指导书——规划设计篇［M］. 北京：中国建筑工业出版社，2007.）

图1-5-8　上海延安中路大型绿地公园
（资料来源：魏民. 风景园林专业综合实习指导书——规划设计篇［M］. 北京：中国建筑工业出版社，2007.）

## 1.6　中国古典园林需有独立的空间设计教学体系

目前，国内的园林教学体系早已国际化。以园林史课程为例，我们既讲中国园林史，又讲西方园林史；但是二者是分开讲的，甚至是两门课；虽然也有穿插、比较，但在教授园林设计课时，却往往不区分东西手法，混在一起讲。这样，难免造成两种风格形式语言的混杂，很难保证设计作品的"中国味"，不利于中国园林的传承与发展。

教学方法和体系对园林设计影响巨大，甚至是决定性的。有的同学曾直言："如果老师不许我画直线、长方形、正方形、圆形，不许我分析比例、对称、均衡、韵律，我就不知道该如何设计园林了"。

中国古典园林是世界园林独特的一支。可惜的是，除了少数大学在博士（或硕士）阶段开设了专门的中国古典园林设计课程之外，没有一所大学在本科阶段设立专门的中国古典园林设计课程，导致毕业的大学生不能胜任中国古典园林设计，无法满足文化自信的大背景下，社会对中国古典园林设计人才的大量需求。原因很多，其主要原因：一是中国古典园林的理论过于庞大而又缺乏系统总结，难以掌握；二是没有意识到中国古典园林的设计语言与西方园林的设计语言不同，需要独立的设计教学；三是只有通用的设计教材和大量的中国古典园林辅助教学资料，如彭一刚的《中国古典园林分析》，却没有专门的中国古典园林设计教材，没有办法教授；四是中国古典园林缺乏设计训练的前奏和基础——空间设计教学训练。这样下去，极不利于中国古典园林的传承和发展。

中西方传统（古典）园林有着完全不同的设计语言和审美标准，很难用同一种空间训练方法进行教学，就像学习中国的太极拳，不能用西方的拳击训练方法，学习写汉字不能从写英文字母开始一样。

必须建立中国古典园林专门的空间教学体系，为开设专门的中国古典园林设计课程和编制专门的中国古典园林设计教材奠定基础。

# 原型分析——中国古典园林现代转译的模件化空间操作理论

## 2.1 竹园——原型简介

竹园是2007年第六届中国（厦门）国际园林花卉博览会应邀设计的8个风景园林大师园作品之一（图2-1-1），由中国著名景观设计师北京林业大学王向荣教授设计。

王向荣教授在"第六届中国（厦门）国际园林花卉博览会风景园林师园作品展示"[①]一文中曾较为详细地介绍了竹园的设计构思。

图2-1-1 竹园平面图
（资料来源：王向荣，林箐. 竹园——诗意的空间，空间的诗意 [J] 中国园林，2007（9）：26-29.）

为了忠实于原作者，我们不妨摘录原文如下：

厦门园博园的规划让我们在一定程度上表达了对于当代城市、当代园林以及两者之间关系的理解。在规划阶段，我们已对其中的展览花园有过

---

① 第六届中国（厦门）国际园林花卉博览会风景园林师园作品展示 [J]. 风景园林，2007（4）：55-71.

很多的设想。当受到组委会邀请参加设计师花园设计的时候，我意识到这又是一个机会，可以诠释我们对当代花园艺术的理解。

在厦门园博园的设计师花园设计中，我首先想到的是要创造一个具有中国精神的现代花园，它符合现代人的审美习惯，同时也具有中国历史花园的品质。如同中国的古园一样，它吸引人去感知和体验。我将花园命名为竹园，一个典型的中国化的园名，一个被竹子环绕的花园，一个在内部也长满竹子的花园。

花园必须有一个边界，并被围合起来。竹园通过一道折线形的白粉墙和一道曲直兼有的青石墙互相穿插，限定出一个既清晰又模糊的边界。石墙将竹园与外围的道路分隔，也吻合了外围道路的线形。白粉墙的折叠使得竹园的方向具有了不确定性。两道墙体的线形和穿插让竹园与园外环境建立了很好的联系，同时又将花园划分出前院和主庭院两个不同的空间，并将主庭院划分出许多流动的、相互贯通的、不同尺度和形状的小空间，这也是中国历史园林典型的空间结构。

像中国历史园林一样，主庭院的核心是空灵的水面，它映衬着青石墙、白粉墙、绿竹和天光云影。但竹园的水面并不只限定在庭院之中，它与白粉墙互相穿插，从墙内延伸到墙外。水还被一座漂浮在水面之上的桥、一座下沉到水面之下的桥、三个椭圆形的竹岛和两处水生植物种植区域分隔成大小不同、形状各异的几部分。

除水生植物以及一些禾本科观赏植物外，竹园的主要植物是在厦门能很好地生长的毛竹和紫竹。以白粉墙、青石墙和水面为背景的竹丛带给花园清新典雅的气质。竹丛与其他植物一起，也将园中建筑性的要素和线形软化，赋予花园自然的气息。

白色的粉墙和青色的石墙是竹园的骨架，它们的色彩和质感再现了江南园林的水墨意境。白色本是纯色，却通过翠竹摇曳、朝晖落霞带来的光影变幻、色彩更迭，让人感受到自然的存在，时间和空间的变化。地表除软质的植物和水外，硬质的各种石材，如青石板、黑白卵石和白砾石等烘托了黑白灰的素雅色调，而竹子更容易让人联想到中国的花园艺术。竹园的材料具有浓厚的中国气息。

至此，尽管从线形上，竹园与中国历史园林似无相似之处，但从空间和结构上看，竹园又具有了中国园林的韵味，在细部上也具有了中国古典园林的韵律（图2-1-2）。

竹园是空间的花园，只有穿越这些空间才能体验它，只有在花园中安静地沉思，才能感知它。穿越和沉思成为设计参观者在竹园中的行为方式的焦点。

白粉墙和青石墙上的各种漏空形成一个个框景（图2-1-3），把周围优美的景致凝固在一些特定的视点上，成为花园内外联系的纽带，并使花园内部产生深远的景深。而穿越墙体的忽而上升忽而下降的小路、不同标高的平台、漂浮或下沉于水面的桥，为观赏者带来了连续不断的花园内与外、高与低、明与暗、曲与直的视觉转换。尽管花园面积很小，但是在这种视觉转

（a）墙上的各种漏空形成一个个框景，产生深远的景深　　（b）竹丛与其他植物一起，将竹园中的建筑要素和线形软化

（c）视线从下沉于水面之下的桥穿过框景延伸至园外的远方　　（d）从内到外，从上到下，竹园不断地提供视觉的转换

图2-1-2　竹园的视觉效果呈现
（资料来源：王向荣，林箐. 竹园——诗意的空间，空间的诗意 [J]. 中国园林，2007（9）：26-29.）

（a）竹园观景静态空间　　　　　　　　　　（b）竹园中心水面的围合介质

图2-1-3　竹园的实景空间效果
（资料来源：张大玉，任兰红. 从"竹园"看中国古典园林的现代诠释 [J]. 中国园林，2013，29（6）：59-64.）

换中，伴随着各种戏剧性的体验，花园似乎总是给人以期待，总有未知的领域。而另一方面，观赏者也可以静坐于高台之上嵌于白粉墙内的座凳上，俯视中心庭院的景致，或在砾石滩上独坐，沉思于山水幽篁之间。一动一静，体验与感知，这种在有限的空间中叠加的共存正是中国传统园林的精神，诗意也随之产生。

花园本质上还是空间的艺术，竹园的设计从概念到施工图，我们一直借助于模型软件来推敲构筑物的造型、空间的尺度和空间的穿插与联系，继而不断对平面、立面和节点进行修改和调整。可以说竹园的设计是从空间到平面，再从平面到空间的设计。

竹园的空间是开放的，它有限定。但平面上的限定是模糊的，两道墙体既分隔了花园内外，又模糊了花园内外，还为花园内外建立了联系；竖向上的限定也是模糊的，最低点似乎是清澈的池底，但下沉于水下的桥比池底还低；而花园顶面应该是无尽的天空。

竹园也是中国传统园林的现代诠释，它的形式语言与传统园林没有直接的联系，但它带给人们的视觉转换和气氛体验与后者是相近的，它反映了设计师对中国传统园林深层面的思考，也反映了设计师对现代美学的追求。

后来，在"竹园——诗意的空间，空间的诗意"[①]一文中，王向荣教授再次指出："白粉墙和青石墙上的各种漏空形成一个个框景，把周围优美的景致凝固在一些特定的视点上，成为花园内外联系的纽带，并使花园内部产生深远的景深，获得'景外意，意外妙的效果'。古典园林中'窗牖无拘，随宜合用；涉门成趣，得景随形'的理念在这里有了全新的诠释。"

在上述引文中，王向荣教授反复多次、明确无误地指出竹园的中国特质：

竹园——具有中国精神的现代花园，它符合现代人的审美习惯，同时也具有中国历史花园的品质。

竹园——像中国历史园林一样，主庭院的核心是空灵的水面。

竹园——一个典型的中国化的园名。

竹园——白色的粉墙和青色的石墙是竹园的骨架，它们的色彩和质感再现了江南园林的水墨意境。

竹园——竹子更容易让人联想到中国的花园艺术。竹园的材料具有浓厚的中国气息。

竹园——从空间和结构上看，竹园又具有了中国园林的韵味，在细部上也具有了中国古典园林的韵律。

竹园——而穿越墙体的忽而上升忽而下降的小路、不同标高的平台、漂浮或下沉于水面的

---

① 王向荣，林箐. 竹园——诗意的空间，空间的诗意 [J]. 中国园林，2007（9）：26-29.

桥，为观赏者带来了连续不断的花园内与外、高与低、明与暗、曲与直的视觉转换。

竹园——一动一静，体验与感知，这种在有限的空间中叠加的共存正是中国传统园林的精神，诗意也随之产生。

竹园——传统园林中"窗牖无拘，随宜合用；涉门成趣，得景随形"的理念在这里有了新的诠释。

竹园——是中国传统园林的现代诠释，它的形式语言与传统园林没有直接的联系，但它带给人们的视觉转换和气氛体验与后者是相近的，它反映了设计师对中国传统园林深层面的思考，也反映了设计师对现代美学的追求。

由此可以看出，王向荣教授设计的竹园，从主观意向到园子命名、空间结构、空间感知、设计手法和材料运用等各个方面，都具有中国古典园林的普遍特征。竹园不是某一个历史名园的仿写，竹园是简化的、抽象的、普遍的中国古典园林的集大成者，完全可以作为中国古典园林空间教学的原型。

# 2.2　竹园——中国古典园林的空间结构原型[①]

中国古典园林在中华大地诞生、发展、传承了几千年，形成了一个源远流长、博大精深、独具特色的古典园林体系，被誉为"世界园林之母"。随着西方文化大量涌入，中国园林结束了她辉煌的古典时期，甚至到了生死存亡的关键时刻。目前，所谓对中国古典园林的"传承"多体现在具象的、形式上的模仿层面上，而且近乎蹩脚的抄袭。能够展示出中国古典园林之灵魂的现代作品寥寥无几；能够引领中国园林发展方向的当代作品更是凤毛麟角，竹园就是其中难能可贵的一个。它是中国古典园林的"凤凰涅槃"，给未来中国园林的发展带来了希望，指明了方向。

## 2.2.1　灵魂的原型——自我

### 1.　个体的原型

艺术来自生活，艺术作品是艺术家对自身现实生活的"思"与"想"的艺术化表现。因此，谁都不能凭空创造出一种全新的艺术作品或艺术风格。在艺术家的潜意识中，始终会有一个、一种或一类作品是设计师在创作中挥之不去的情结，即艺术创作是有原型的。尤其是对于

---

① 本节内容源自：吴军基，田朝阳，杨秋生. 竹园的中国"芯"[J]. 华中建筑，2012，30（4）：141-143；有改动。

具有数千年传承历史的中国古典园林，更是如此。王向荣为2011年西安世界园艺博览会设计的大师园作品"四盒园"的原型是"四合院"，那么竹园源自哪里？

竹园是一个中国设计师的作品。虽然设计师本人对竹园做过相当全面的分析和介绍，但仅限于竹园本身，没有涉及太多其他方面，更没有关于其原型的解释。竹园极其简明、抽象、"新奇"的形式令人费解，却又似曾相识。

通过对谐趣园和竹园空间结构的对比分析（图2-2-1～图2-2-4），可以看到谐趣园周围以

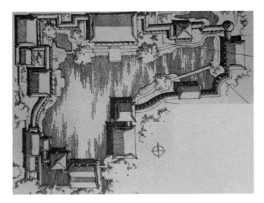

图2-2-1　谐趣园平面图

图2-2-2　竹园平面图

图2-2-3　谐趣园空间结构图

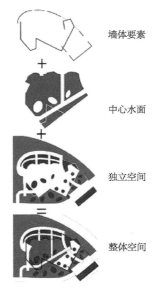

图2-2-4　竹园空间结构图

建筑、廊等围合，中间是空灵的水面；竹园的设计师用近似拓扑的手法，将其简化成两面相互穿插的青石墙和白粉墙，中间也是灵动的水面。两者何其相似，可以说竹园的原型就是谐趣园。

**2. 群体的代表**

竹园的原型是谐趣园，而谐趣园又是中国古典园林的代表。所以，在某种程度上，可以将竹园看作中国古典园林的现代诠释。

## 2.2.2　无意的中国"芯"——本我

在竹园中，设计师似乎在不经意间流露出了中国古典园林的品质精神，其实是设计师内心深处自我的表达。竹园是中国古典园林的"凤凰涅槃"，是中国古典园林灵魂的再现。

**1. 有形的符号——中国古典园林灵魂的艺术再现**

竹园中典型的有形符号就是两面相互穿插的青石墙和白粉墙，一座漂浮于水面之上的桥和一座下沉到水面之下的桥，三个椭圆形的竹岛和两块水生植物种植区（图2-2-5、图2-2-6）。

设计师在介绍竹园的时候讲了五个方面的品质，本节就此分析如下。

1）精神（意境）诗意——诗意的栖居

设计师所谓的精神——诗意，其实就是中国古典园林的立意。若论诗、诗人与园林的关系，在世界园林中，唯中国古典园林最为密切。

2）空间（结构）——空间的艺术

设计师所谓的空间及其丰富的变换，就是中国古典园林的移步换景、涉门成趣、得景随形。一言以蔽之，就是框景、借景、曲径通幽的变异。

3）片段（逻辑）——文化的符号

在竹园中，设计师所谓的片段和文化符号，就是中国江南园林那粉墙黛瓦、小桥流水、漏

图2-2-5　椭圆形竹岛

图2-2-6　白砾石上的竹丛

窗、框景。

　　4）要素——地域的特色

　　竹园的要素，即材料。在世界范围内，竹子为中国文人园林所特有，是典型的中国要素。

　　5）质感——心灵的体验

　　在质感体验中，中国古典园林的雨打芭蕉、残荷听雨等经典辈出。而竹园中的"竹敲秋雨有声诗"更是千古绝唱。

　　**2. 无声的自白**

　　竹园中的点点滴滴都是设计师无声的自白，对中国古典园林潜在理解的表述，一种本我的体现。无论是旅居海外，还是洋装在身，但内心依旧是中国心。

　　1）集锦式园林

　　尺度较大的中国皇家园林被认为是一种集锦式园林。实际上，尺度较小的私家园林也存在众多不同尺度的小空间，也可分为主空间、次空间、亚空间、子空间。竹园的空间首次揭示了这一前人没有提及的现象。

　　2）曲线与折线的结合

　　时下，谈及风格，一般人都认为曲线是中国特有的，折线是西方特有的。竹园以中国古典园林的代表谐趣园为原型，首次突出地揭示了中国古典园林中曲线和折线的历史共存。

　　3）人与自然的结合

　　竹园中植物种类的选择、种植方式、自然树形以及人与自然的结合，是"虽由人作，宛自天开"的全新表现。这种对自然无限的热情、无限的眷恋，是中国人自古以来就挥之不去的情结。

## 2.2.3　理想的追求——超我

　　**1. 诗意的空间——理想栖居地的追求**

　　中国人的理想栖居地从神话传说中的昆仑山模式、蓬莱模式、壶天模式，到山水画艺术中的理想景观模式——丘壑内营，再到文人的"桃花源"，最后落实到天人合一的园林。

　　竹园——诗意的空间，已超越园林思想的表达，上升到对理想栖居地的追求，对人生理想的追求。

　　**2. 空间的诗意——创新形式的追求**

　　在竹园的创作中，设计师不满足于对中国古典园林具象形式的模仿，而是将具象的廊、厅等中国古典园林建筑简化为曲直兼有的青石墙和折线形的白粉墙，用两面墙穿插形成模糊又清晰的围合，这种设计手法既表达出了中国古典园林的精神——在咫尺天地中创造洞天福地的哲学思想，又带有较为鲜明的极简主义风格，具有明显的现代景观设计的色彩。

　　总之，通过竹园对中国古典园林的超越自我的创新设计，设计师对未来中国园林的发展方向给出了自己的答案。它将会对我国当代园林的发展起到引领作用。

# 2.3　竹园——中国古典园林空间原型的现代图示表达[①]

　　在无数建筑和园林先辈研究的理论基础上，结合数年来的研究成果，作者所著《中国古典园林与现代转译十五讲》（以下简称《十五讲》）一书，提出了中国古典园林空间的七种模式，分别是单元模式、结构模式、构图模式、手法模式、界面模式、布局模式和观法模式。本节仍以竹园为研究对象，试分析竹园中七种模式的体现，剖析竹园的空间表达，并试图通过这一过程证明竹园的抽象空间是中国古典园林空间的现代图示表达。

## 2.3.1　竹园中的线、形及空间单元模式

　　由于建筑、廊、径、假山以及石砌驳岸的大量应用，在中国古典园林中折线的运用远多于直线和曲线，这也注定中国古典园林平面中基本线的类型为复合线（图2-3-1）。多种复合线形成古典园林中多样变化的复合阴阳角图形（图2-3-2）；并由多种复合形构成古典园林多样突变的复合阴阳角空间（图2-3-3）。[②]因此，中国古典园林是由复合线、复合形、复合空间构成，这也致使中国古典园林的空间特征是动态的，是融入时间要素的多维空间。

　　托马斯·丘奇（Thomas Church）的"加州花园"开现代景观之先河，在1948年阿普斯托花园［图2-3-4（a）］的平面设计中，他成功地把直线、阿米巴曲线、折线融合在一起。[③]玛

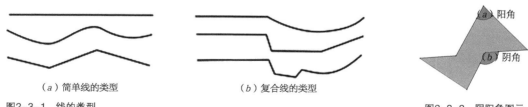

（a）简单线的类型　　　　　　　　　　（b）复合线的类型　　　　　　　　　　（a）阳角

（b）阴角

图2-3-1　线的类型　　　　　　　　　　　　　　　　　　　　　　图2-3-2　阴阳角图示

① 本节内容源自：刘路祥，田朝阳. 中国古典园林空间模式及其图示化研究［J］. 长春师范大学学报，2021，40（2）：145-151；有改动。

② 田朝阳，闫一冰，卫红. 基于线、形分析的中外园林空间解读［J］. 中国园林，2015，31（1）：94-100.

③ 王向荣，林箐. 西方现代景观设计的理论与实践［M］. 北京：中国建筑工业出版社，2002：57-64.

（a）阳角图形（简单形）　　（b）阳角空间（简单空间）　　（c）阴阳角图形（复合形）　　（d）阴阳角空间（复合空间）

图2-3-3　线、形与空间类型

 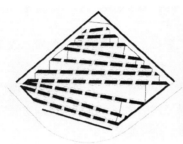 

（a）阿普斯托花园　　　　　　　（b）迷宫园　　　　　　　　　（c）竹园

图2-3-4　现代园林案例

莎·舒瓦茨（Martha Schwartz）的迷宫园［图2-3-4（b）］应用直线墙体形成折线路径，将折线的空间效果发挥到了极致，在有限的场地中营造出回环无尽的空间感受。[1]相较于前两者而言，王向荣教授在现代感极强却又充满中国意境的竹园平面设计中采用折线和曲线的结合，并使之大放异彩［图2-3-4（c）］。[2]竹园中应用曲线和折线相结合的复合线，其空间是典型的由复合线围合成的复合阴阳角空间，这一点我们通过竹园的平面图可以直观地感受到［图2-3-4（c）、图2-3-5］。

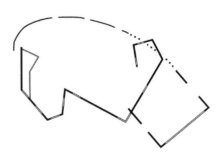

图2-3-5　竹园景墙线形示意图

## 2.3.2　竹园中的空间结构模式

《十五讲》一书以类型学和模式语言为理论基础，采用对比分析法，总结了中西方古典园

① SCHWARTZ M，王晓京，张广源. 迷宫园［J］. 建筑学报，2011（8）：45-47.
② 吴军基，田朝阳，杨秋生. 竹园的中国"芯"［J］. 华中建筑，2012，30（4）：141-143.

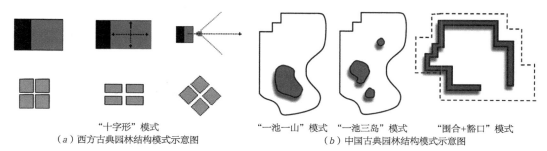

"十字形"模式
（a）西方古典园林结构模式示意图

"一池一山"模式　"一池三岛"模式　　"围合+豁口"模式
（b）中国古典园林结构模式示意图

图2-3-6　中西方古典园林空间结构模式

（a）"一池三岛"模式　　　　　（b）"围合+豁口"模式　　　　　（c）整体结构模式

图2-3-7　留园结构模式图

林空间结构的特征，提出了中西方古典园林空间结构的四种模式："十字形"模式、"一池一山"模式、"一池三岛"模式和"围合+豁口"模式（图2-3-6）。①

　　中国古典园林的空间结构模式大多不是单一的存在，而是由几种模式组合而成。例如留园是"一池三岛"和"围合+豁口"两种模式的组合（图2-3-7），再如北海琼华岛是"一池一山"和"围合+豁口"两种模式的组合（图2-3-8）等。经过分析，由图2-3-9可直观地看到竹园中存在

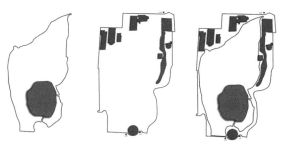

（a）"一池一山"模式　（b）"围合+豁口"模式　　（c）整体结构模式
图2-3-8　北海琼华岛结构模式图

---

① 田朝阳，孙文静，杨秋生. 基于神话传说的中西方古典园林结构"法式"探讨［J］. 北京林业大学学报（社会科学版），2014，13（1）：51-57.

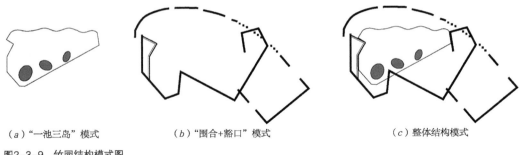

（a）"一池三岛"模式　　　　　（b）"围合+豁口"模式　　　　　　　　　　（c）整体结构模式

图2-3-9　竹园结构模式图

"一池三岛"和"围合+豁口"两种模式。

### 2.3.3　竹园中的空间构图模式

　　《十五讲》一书中提出中国古典园林的空间特质在于对动态的时间维度（即对"时间设计"）的关注，揭示出"步移景异"是"时间设计"的代名词。根据对谐趣园、留园、网师园、狮子林等现存大量中国古典园林的分析，归纳出实现"时间设计"的常用空间构图模式：复合形空间、中心水域、凸角物体、池岛结构、循环复合路径（图2-3-10）。[①]经过分析发现，这些构图模式的表达，在古典园林和现代园林中存在不同的要素转换。如古典园林中的边界由建筑、墙或廊形成，而现代园林中的边界可能由植物、墙或花架等形成；再者，古典园林里的中心水域，在现代园林中可能是中心草坪（表2-3-1）。

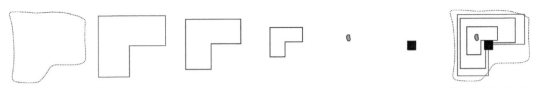

（a）场地轮廓　　（b）复合形空间　　（c）循环复合路径　（d）中心水域　（e）池岛结构　（f）凸角物体　　（g）空间构图图示

图2-3-10　"时间设计"的空间构图模式

① 陈晶晶，田芃，田朝阳. 中国传统园林时间设计的整体空间"法式"初探［J］. 风景园林，2015（8）：125-129.

古典园林与现代园林要素转换表　　　　　　　表 2-3-1

| 要素类型 | 复合形空间 | 中心水域 | 池岛结构 | 凸角物体 | 循环复合路径 |
|---|---|---|---|---|---|
| 古典要素 | 建筑、廊、墙 | 水 | 土山、石山 | 建筑、假山 | 廊、路 |
| 现代要素 | 植物、墙、花架 | 草坪、玻璃、绿篱 | 雕塑、小品 | 植物、雕塑、小品 | 花架、路 |

　　我们对竹园的边界、路径、水体、占角建筑等进行分析，发现竹园符合中国古典园林的空间构图模式：复合形空间、中心水域、池岛结构、凸角物体、循环复合路径（图2-3-11）。

（a）复合形空间　　　（b）中心水域　　　（c）池岛结构　　　（d）凸角物体　　　（e）循环复合路径　　　（f）空间构图图示
图2-3-11　竹园的空间构图模式分析

## 2.3.4　竹园"小中见大"的空间手法

　　《十五讲》一书从新的视角诠释了"小中见大"空间手法的概念，总结了五种新的中国古典园林小中见大的空间手法：框景、框景错位、遮挡地面、仰视、俯视（图2-3-12～图2-3-14）。

图2-3-12　遮挡地面

（a）位置错位　　　（b）角度错位

图2-3-13　框景错位

（a）仰视

（b）俯视

图2-3-14　仰视与俯视

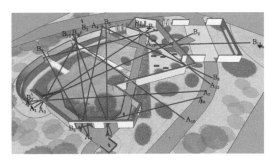

图2-3-15　竹园两层框景错位视线分析

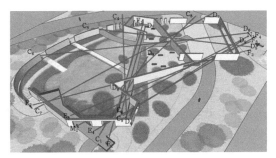

图2-3-16　竹园多层框景错位视线分析

以现存的大量古典园林为研究对象，对五种小中见大空间手法的应用进行了统计验证，并进一步指出这五种小中见大空间手法是中国古典园林惯用的空间手法模式。

　　经过对竹园的深入分析，发现竹园中框景手法的大量使用（图2-3-15～图2-3-19），使得其框景错位的出现成为必然（表2-3-2）。因为框景的大量出现，营造出了比中国古典园林更加丰富和多样的错位框景；且这种手法在竹园中的出现并非无心之举，而是设计者有意为之，其目的在于营造小中见大的空间转换和视觉体验。

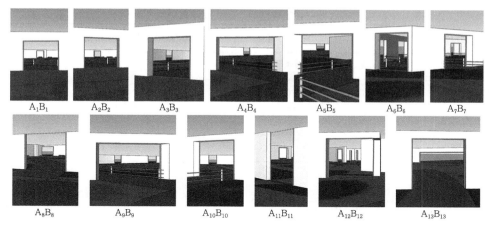

图2-3-17 竹园两层框景错位效果

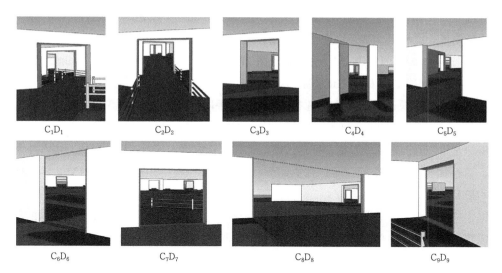

图2-3-18 竹园三层框景错位效果

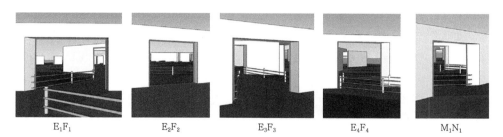

图2-3-19 竹园四层及五层框景错位效果

竹园框景错位空间、视线统计表                                    表 2-3-2

| 框景错位层数 | 视线标注 | 视线方向 | 视线穿越景框层数 | 视线穿越空间层数 |
|---|---|---|---|---|
| 二层框景错位 | $A_1B_1$……$A_{13}B_{13}$ | 由 A 至 B | 2 | 3 |
| 三层框景错位 | $C_1D_1$……$C_9D_9$ | 由 C 至 D | 3 | 4 |
| 四层框景错位 | $E_1F_1$……$E_4F_4$ | 由 E 至 F | 4 | 5 |
| 五层框景错位 | $M_1N_1$ | 由 M 至 N | 5 | 6 |

## 2.3.5　竹园中"眼前有画"的空间界面模式

　　《十五讲》一书将"如画"对中国古典园林的影响分为如画赏园与如画营造两个不同的历史进程，而且古典园林中对景的"如画"欣赏要远早于"如画"营造。[1]至明代中期，以"如画"观念欣赏园林，已成为普遍而自然的事情。晚明书画家董其昌提出："公之园可画，而余家之画可园"，可视为中国古代文人观念中园画相通、以画入园的标志。至此，"如画"终于被确立为园林境界所追求的目标和营造的原则。[2]

　　中国古典园林大量开窗不是单纯追求框景的营造手段，更重要的是为了追求"眼前有画"的赏园效果。中国古典园林以画理构园，园林中的景物也就举目皆如画。园林中各种洞门、窗格、门框等常常充当园林的取景框，把透过窗洞看到的景物收入其中，从而自成一幅古朴天然的图画，营造如画赏园的空间体验，并由此形成中国古典园林"眼前有画"的空间界面模式（图2-3-20）。

　　竹园中应用大量且形式丰富的门框、窗框等，形成了大量的框景（图2-3-21）。以白粉墙为框、以碧水翠竹等为主景、以蓝天白云为背景，共同构成一幅优美的画卷。竹园大量开门留窗，步步有景，框景成画，目力所及处处如画（图2-3-22）。

## 2.3.6　竹园中"如画"与"入画"的空间布局模式

　　基于"如画"与"入画"的观念，《十五讲》一书中提出了中国古典园林的空间布局模式。根据人（视点）—景空间位置关系的不同处理方式，提出了三种布局模式，分别是如画模式、

---

[1] 顾凯. 中国园林中"如画"欣赏与营造的历史发展及形式关注——兼评《两种如画美学观念与园林》[J]. 建筑学报，2016（9）：57-61.

[2] 顾凯. 画意原则的确立与晚明造园的转折 [J]. 建筑学报，2010（S1）：127-129.

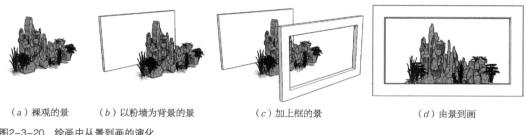

（a）裸观的景　　　（b）以粉墙为背景的景　　　（c）加上框的景　　　（d）由景到画

图2-3-20　绘画中从景到画的演化

图2-3-21　竹园形式丰富的框景示意

图2-3-22　竹园中的框景实景

入画模式以及如画与入画模式。

在如图2-3-23所示的如画模式中，人或视点在建筑之外，裸观景物，建筑属于景物的一部分，人在画面之外，建筑起到点景的作用。

在如图2-3-24所示的入画模式中，人或视点在建筑内部，人通过建筑的窗洞观赏景物，建筑具有观景的作用。

在如图2-3-25所示的如画和入画模式中，建筑既有观景的作用也有点景的作用，是兼具如画与入画的模式。这也是中国古典园林中最常见的布局模式。

张大玉等专家从建筑空间感知与体验的角度论证过竹园中存在着亭和廊的建筑意向。[1]我们在将竹园"解构"后，与中国古典园林建筑意向进行比对的过程中，发现竹园不仅仅存在如上述专家所说的亭和廊，还存在如梧竹幽居、与谁同坐轩等中国古典园林中的建筑意向（图2-3-26）。

竹园中这些建筑意向都不是单纯的观景或被观，从其位置的布局经营上看，是以观景和被观为目的的（图2-3-27）。这就足以证明，竹园中与中国古典园林类似的空间布局，恰是采用

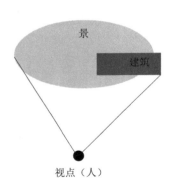

图2-3-23　如画模式示意图

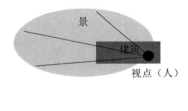

图2-3-24　入画模式示意图

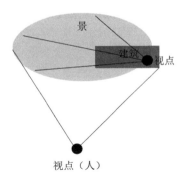

图2-3-25　如画和入画模式示意图

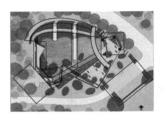

图2-3-26　竹园建筑意向分析

（a）台之观景与被观

（b）亭之观景与被观

（c）由台望向亭之实景

图2-3-27　竹园如画与入画空间布局模式分析

① 张大玉，任兰红. 从"竹园"看中国古典园林的现代诠释 [J]. 中国园林，2013，29（6）：59-64.

了"如画与入画"空间布局模式。

### 2.3.7 竹园中的观法模式与模件造园

现代园林教科书将园林要素分为具有自明性的山、水、植物、建筑等（图2-3-28），这些要素是按材料的物理特性或人工与自然特性分类的，遍观中国古典园林，确实不难发现上述要素。计成在《园冶》中也确有屋宇、门窗、铺地、选石、掇山等园林组成要素章节的专门论述。但细究《园冶》，还会发现另一套潜在的园林构成要素分散、隐匿于其中，即构园的四个关键词或曰要素，包括：景、境、路径和造景手法（图2-3-29）。

古代观法构园要素的任何一个都可由现代观法组成要素的任何一个或几个联合构成，如景可以由山、水、植物、建筑中的一个要素单独构成（表2-3-3）。从这个角度就不难理解童寯先生在其文集中所说的"中国的园林建筑布置如此错落有致，即使没有花草树木，也成园林"，因为童寯先生是从造园境界而非造园要素出发看待中国古典园林的。至此，我们也就可以充分地理解王向荣教授在设计竹园时，没有假山，没有建筑要素，只有白粉墙，就形成了整个园子的框架。这表明王向荣教授在竹园的设计中要表达的不是中国古典园林的要素，而是中国古典园林的空间意境。

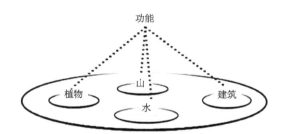

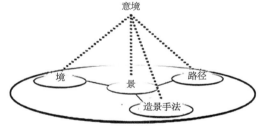

图2-3-28　园林的组成要素及自明性——物质的园林——西方景观建筑学

图2-3-29　园林的构园要素及其相互关系——精神意境——中国传统造园

| 造境与造园两种观法的要素转换表 | 表 2-3-3 |
|---|---|
| 造境：古代观法的构成要素 | 造园：现代观法的构成要素 |
| 景 | 山石、水、建筑、植物 |
| 境（场地） | 山石、水、建筑、植物 |
| 路径 | 山石、建筑（桥、廊）、铺地、植物 |
| 造景手法 | 山石、水、建筑、植物 |

　　根据上述分析，可以看出，古人的园林观法是基于构园的角度，按照园林的主要功能——追求"境"，进行要素划分的。我们可以将古人的园林观法——景、境、路径、造景手法，转化为景、置景器、连景器和观景器。这样，既可避免上述悖论，又可避免各要素的自明性，建立要素之间相辅相成的关系，利于园林设计（表2-3-4）。

造境与造园两种观法要素的文本转换　　　　　　　　表2-3-4

| 古人的园林观法要素 | 景 | 境（场地） | 路径 | 造景手法 |
|---|---|---|---|---|
| 文本化转换 | 景 | 置景器 | 连景器 | 观景器 |

　　按照"住宅是居住的机器"的说法，各个功能区（卧室、客厅、厨房、卫生间）变为不同的构件。王澍自宅的模件化实验（图2-3-30）和后期在中国美术学院象山校区二期建筑等作品中的模件化转化倾向（图2-3-31）正是这一思路的代表。我们将竹园进行解构，不难发现，竹园的整体框架——景墙作为整个园子的骨架其实是由多个墙上的"观景器"组合而成（图2-3-32）。这些"观景器"由路径（连景器）进行连接，整体作为一个模件被置入整个竹园的场地内（置景器）。而且，竹园中的这些模件，既可以作为"观景器"，也可以作为"连景器""置景器"和"景"，它们是可以相互转化的。

　　竹园的设计运用抽象的概念，去除园林中如色彩、符号、片段、要素、质感等复杂的内

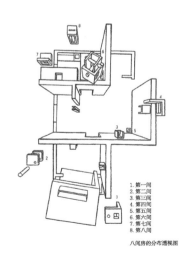

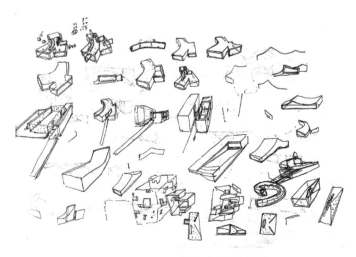

图2-3-30　王澍自宅中的模件化实验
（资料来源：王澍. 设计的开始［M］.
北京：中国建筑工业出版社，2002.）

图2-3-31　中国美术学院象山校区二期的建筑模件化倾向
（资料来源：WANG SHU. Imaging the House［M］. Zurich：Lays Muller Publishers，2012.）

容，从本质上表达"中国园林"。竹园的空间意向带给人们的视觉转换和气氛体验与中国古典园林是相似的，展示了中国古典园林空间的现代轮廓，是一个符合现代人审美习惯的具有中国古典园林品质的现代花园。

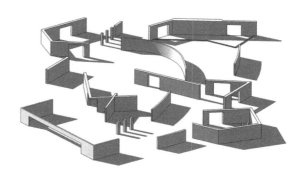

图2-3-32　竹园解构后的模件

本节通过中国古典园林的单元模式、结构模式、构图模式、手法模式、界面模式、布局模式和观法模式这七种模式对竹园的分析，揭示出竹园形式语言与中国古典园林之间隐匿的联系，证明了竹园与中国古典园林空间模式的相似性。由此揭示出竹园是对中国古典园林进行现代诠释的典型，更是中国古典园林空间模式的现代图示表达的典范，为模件造园提供了全新的案例。

## 2.4　竹园——隐匿的建筑意境

园林建筑是中国古典园林的四大要素之一。晚明以后，园林建筑密度加大，建筑要素成为江南私家园林空间构成的主体，控制着整体空间结构。[①]因此，童寯先生在《江南园林志》中强调："中国的园林建筑布置如此错落有致，即使没有花草树木，也成园林"。[②]

与其他功能性建筑不同，中国古典园林中的建筑作为主要景点，多有题名，以起到点景的作用，道出园林及其建筑的意境所在，如与谁同坐轩、梧竹幽居亭、小飞虹、荷风四面亭、竹外一枝轩、月到风来亭、雪香云蔚亭、濯缨水阁和小山丛桂轩等。

但是，竹园里却看不到传统意义上的园林建筑，除了墙，还是墙，更无建筑点题。难道竹园里真的没有园林建筑吗？在对竹园的研究中，吴军基等曾从竹园曲折结合的构图形式等方面论证了竹园的原型为谐趣园；[③]张大玉等从竹园与中国古典园林的同构性等方面论证了竹园的原型为网师园。[④]无论是谐趣园，还是网师园，都有大量的园林建筑。张大玉进一步指出，在竹园

① 顾凯. 晚明江南造园的转变 [J]. 中国建筑史论汇刊，第壹辑，2008：309-340.
② 童寯. 东南园墅 [M]. 童明，译. 长沙：湖南美术出版社，2018：7.
③ 吴军基，田朝阳，杨秋生. 竹园的中国"芯" [J]. 华中建筑，2012，30（4）：141-143.
④ 张大玉，任兰红. 从"竹园"看中国古典园林的现代诠释 [J]. 中国园林，2013，29（6）：59-64.

的设计中，中国古典园林中小体量的亭、轩等被抽象成了观景平台，中国古典园林中大体量的堂、阁等被抽象成了静态观景角落。

本节试图从建筑意象、空间形式、位置经营、身体感知四个方面，解读竹园中的建筑和其意境的表达方式，以及其与设计方法的逻辑关系等。

## 2.4.1 古典园林建筑意境的四大内涵

通过对前人理论的梳理，结合案例分析，本节提出园林建筑意境的表达可以分为建筑意象、空间形式、位置经营、身体感知四个方面。

### 1. 建筑意象

建筑意象是园林建筑设计的第一个层面，即设计者想要通过建筑提供给游览者的精神世界，通常具体表达为建筑物的命名（点题）。如拙政园中的"梧竹幽居亭"一语道破亭子的设计意图，旁有梧桐遮阴、翠竹生情，人在其中"幽居"（图2-4-1）。"与谁同坐轩"提出的谜语，对应"清风，明月，我"的谜底（图2-4-2）。"荷风四面亭""雪香云蔚亭"以及"留听阁"等都是运用点题来表达建筑的设计意象。

### 2. 空间形式

空间形式是建筑意境表达的第二个层面。《园冶》"立基"篇中提到："合宜则立""格式随宜"，即说明建筑的造型与环境相宜的重要性。如"与谁同坐轩"，感受"清风"体现在空间中两个侧门的对应、通透，观赏"明月"要求朝南的方向必须开敞，而且最好面水而设。人坐在轩中，从扇形的开敞空间才能清晰地望向明月，水面倒映了明月也倒映了轩中人。而且，扇形的平面，也与风有关。再如冯纪忠先生方塔园中的何陋轩，通过三级矩形的旋转台阶，达到建筑不动，路径流动而心意动的"意动空间"（图2-4-3）。

图2-4-1 梧竹幽居亭内景　　　　　　　　图2-4-2 与谁同坐轩内景

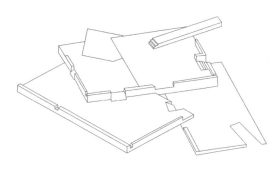

图2-4-3　何陋轩示意图

图2-4-4　闻木樨香轩

### 3. 位置经营

位置经营是第三个层面，即建筑位置和朝向的选择。《园冶》指出了园林中建筑位置经营的原则"先乎取景，妙在朝南"，可见取景是第一原则。相地得宜才能构园得体，园林中建筑位置的经营十分重要。如留园"闻木樨香轩"（图2-4-4）从下仰视，似有升腾之感，正如计成云："轩，宜置高敞，以助胜则称"。

### 4. 身体感知

身体感知是第四个层面，也是最重要的层面，为"立意""形式""经营"的目的。留园入口狭长曲折的走廊带给人时空穿越的身体体验。苏州拙政园"宜两亭"高踞分隔中园和西园的云墙边的小山上，在此亭中可以遍览西部的假山亭台和中部的水光山色，从而形成深远的景观空间。"听雨轩"听雨打芭蕉，"远香堂"闻荷花清新，"与谁同坐轩"领会文人意趣。身体可在每一处园林建筑中体会空间传达给游人的信息。

## 2.4.2　竹园中的园林建筑意境分析

竹园是对中国古典园林的现代诠释，尽管它的形式语言与中国古典园林没有直接的联系，但它带给人的视觉转换与气氛体验是与中国古典园林相似的。本节试图基于上述中国古典园林建筑意境的四大内涵，解析竹园中的建筑意境，如亭与台，舫、舟与榭，轩，照壁和廊等的建筑意象、空间形式、位置经营和身体感知（图2-4-5）。

### 1. 竹园中的亭与台

1）亭与台的建筑意象

"亭者，停也，人所停集也。"亭在中国古典园林中具有点景和观景的作用，一般也用于诗

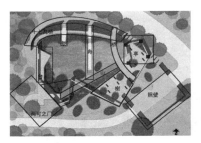

图2-4-5　竹园建筑物分解图

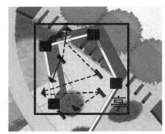

图2-4-6　竹园中的"亭"

图2-4-7　梧竹幽居亭

词点题。①在竹园中，亭的形式更加抽象，也无点题，但不曾缺失。竹园中的"亭"与中国古典园林的"梧竹幽居亭"意境相似，以竹造景，半开敞的空间带来围合的隐匿感，更具有"幽居"的意境（图2-4-6、图2-4-7）。

　　明代造园家计成在其著作《园冶》中提到"台，观四方而高者。"竹园中的台高于水面（图2-4-8），人在台上可观全园，这里也是唯一能把全园风景尽收眼底的位置。

　　2）亭与台的空间形式

　　从图2-4-5中"亭"的位置可以看出，竹园的"亭"被三面墙围合，其中两面开洞。这与拙政园的"梧竹幽居亭"在形

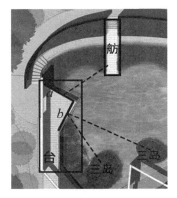

图2-4-8　台与舫和岛的对视关系

式上极为相似，坐于亭中可观四周之景。仔细研究不难发现，竹园中的四根方形柱子暗示了"屋顶"的存在（图2-4-6）。此处放置座椅的位置也十分有趣，竹园的设计者并没有把三个座椅（石凳）并排放置，而是看似随意的摆设。随着太阳的位置发生变化，对墙壁的照射角度发生变化，产生的阴影方向也会随之发生改变。三个石凳会伴随着阴影方向的改变而获得墙体的遮阴。由于墙壁洞口的开设位置与座椅位置的经营，观察者在不同的座椅位置，视线将被引导到不同的方向。

　　竹园中的"台"并没有以矩形的规则形状出现。在三角形的台上，人的视线被有目的地引导，而不是无意识地眺望。图2-4-8中a边与b边的位置分别与"舫"和"三岛"形成斜向对视，形成两组对景。

　　3）亭与台的位置经营

　　竹园中的亭坐落于水面东北角，临近入口，竹园中的台俯视水面并与亭相互眺望，形成

① 赵纪军. 中国古代亭记中"亭踞山巅"的风景体验［J］. 中国园林，2017，33（9）：10-16.

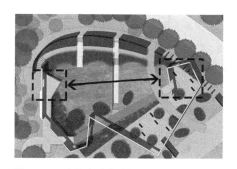

图2-4-9　亭与台形成对景

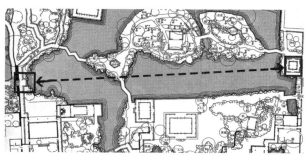

图2-4-10　梧竹幽居与别有洞天形成对景

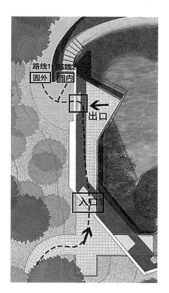

图2-4-11　台与入口的关系

对景，在有限的空间中加大了水面的平远开阔之感（图2-4-9）；恰如拙政园中的梧竹幽居与别有洞天之间所形成的对景（图2-4-10）。对比两者可以发现，这分别是两个园子中空间距离最远的对景，两者在位置经营上相似，都加强了景深。

此外，竹园中的台位于两个开口的中间位置，进入时如果选择了通往台的入口，则在出口处会再次面临选择路线的迷惘。园外路线与园内路线被墙壁分隔，再一次模糊了内外空间，竹园再一次化身"诓人"的花园（图2-4-11）。

4）亭与台的空间感知

竹园中的亭中种有"竹"，与"梧竹幽居"类似，为观赏者留下在此静态思考的隐喻暗示。竹园给人的意象更贴近于"幽居"，竹林茂密，文人退隐。当以动态欣赏全园后，静坐亭中，可以默默回味游赏过的路程，起点即是终点。恰如"众里寻他千百度，蓦然回首，那人却在灯火阑珊处"。

竹园中的台虽然没有实际的建筑置于台上，但该处高于水面很多，置身其中，便可一览众景，俯瞰水面。同时，该处也有如同建筑一般的入口与出口，身后的景墙也同样可以起到遮挡阳光的作用，人在其中的感受无异于古典园林中的台。

2. 竹园中的舫、舟与榭

1）舫、舟与榭的建筑意象

舫似船而不能划动，故而称之为"不系舟"。舟可以划动，是连接彼岸到此岸的媒介。竹园中这个伸出水面的构筑物高于水面，虽不能划动，但犹如一叶扁舟供人观景。同时，与连接两岸的"舟"形成对比（图2-4-12）。"舫"的特征在于它是静止的观景，而"舟"是动态的观

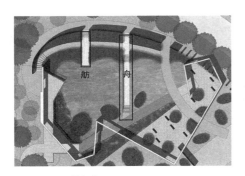

图2-4-12　舫与舟

图2-4-13　苏州"北半园"中的半亭

景与通达。苏州城东北"北半园"（也被称作"陆氏半园"）中的半亭虽然形态似亭（图2-4-13），且置于旱地，但在意向上似"舫"，与竹园中的"舫"手法一致。

计成在《园冶》中提到"榭者，藉也，藉景而成者也。或水边，或花畔，制亦随态"。竹园中的榭面水而设，与亭相比，视线更为开阔。同样为静止空间，亭为"幽"，榭为"敞"。亭与榭在此处的意境就如"出世的仁者"与"入世的智者"，需要观赏者自己去品味。

图2-4-14　竹园中的"舟"

2）舫、舟与榭的空间形式

竹园中的"舫"并没有像传统造型中那样刻意地模仿船的造型，而是以矩形突出于水面，静态地漂浮于水上。"舟"则是下沉空间，人从台阶下行到达舟底，仿佛坐于船中（图2-4-14）。两者在造型上都没有刻意地模仿船，却在空间形式上营造出静与动两种坐船状态下的不同感受。

竹园中的榭位于空地北面，折线形的墙面与四周的植物围合成了完整的空间［图2-4-15（b）］。这种空间形式不是无意识的模仿或随意设计，而是围合空间的一种手段：当墙面（线）不能为空间提供明确又完整的围合时，可以用点的形式进一步去强调空间划分。

3）舫、舟与榭的位置经营

竹园中的舫与舟均位于水面，尤其是舟的位置将水面划分成了不同大小的水域，其位置的选择也是为了增强水面的深远感。

榭在全园的位置与亭相似，都位于主入口旁。当游人在游历全园后回到主入口，可以选择"幽静"的亭与"开敞"的榭，这是两种不同的内心映射（图2-4-15）。

4）舫、舟与榭的空间感知

当人在"舟"内行走时，视线随着人的移动，景物也随之变化。当人从此岸到达彼岸，除位置发生了改变，观赏的景物也有所变化；同时，心境也随之改变。而"舫"无法到达彼岸，并且在观察景物时也是相对静止的。

"榭"这座缺少"顶"的构筑物同样具备了静态的观赏休憩功能，面对着水面能欣赏的是前方的"山水"。"山上攀登的游人与水中静态的倒影"形成了完美的动静结合，这既是位置经营的结果，也是空间营造的目的，是人与景的动静结合。

### 3. 竹园中的轩

1）轩的建筑意象

"轩"的古意为有窗的长廊或小屋，多为高而敞的建筑，但体量不大。在竹园中有两处"轩"[图2-4-16（a）、图2-4-16（b）]。第一处与拙政园的"与谁同坐轩"[图2-4-16（c）]无论从方位、形状，还是从造景手法上都极为相似。正如"与谁同坐轩"，人置身于其中清风拂面，视线开敞，夜晚水中的倒影映衬着明月。此种意境留下"明月，清风，我"的诗句。竹

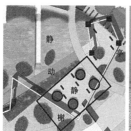  

（a）榭的动静分析　　　　　　　　　（b）榭的角落　　　　　　　　　　（c）榭看向水面

图2-4-15　竹园中的"榭"

（a）竹园中的轩1　　　　　　　　　（b）竹园中的轩2　　　　　　　　　（c）与谁同坐轩

图2-4-16　竹园中的"轩"

园中的"轩"虽无座椅，但其中的"竹影，清风，我"的意境并没有缺失。第二处"轩"的设计意图与造型都相对简单，从墙体弯折的角度和开洞方向可以明显看出；同时，与方塔园中的轩也十分相似。

2）"轩"的空间形式

竹园中两处"轩"的形式一处为扇形，另一处为三角形，虽形式不同，但其空间营造目的相似。设计者的"引景"意图非常明显——框景于两岛的同时，与南侧开敞的空间形成对比。"与谁同坐轩"的造型为扇形，有两扇门用于通行，一面扇形窗用于框景。在空间形式上两者都与中国古典园林相同，竹园中的"轩"顶部的缺失并不对其意境与空间感受产生任何的影响。

3）"轩"的位置经营和身体感知

竹园中两处"轩"的位置相近，共用同一面墙，沿着"山"的高度建成全园的最高点，向下俯视水面。同"与谁同坐轩"的位置经营一致，高于水面且隔水相望；植物处于视线的中点，成为点景之笔。

竹园中的"轩"除了以上特征相似外，在框景的位置同样以栽植竹子来造景。此时框景的作用不是单纯地制造一幅画面，而是刻意地引人停留。这与传统建筑中"轩"的作用相似。而在半开敞墙体围合的空间与开敞的水面中，人的视线被引导至水面，竹在水中的倒影成为景的意境。

**4. 竹园中的照壁**

1）照壁的建筑意象

照壁为中国传统民居建筑形式四合院必有的一种处理手段。传统的照壁一般设置在入口的内侧，阻挡人的视线，以增添神秘感，同时也有风水上的讲究。竹园的照壁具有同样的意象——遮挡。同样的手法在方塔园中也有呈现，虽然以圆形开洞，但其作用依然是"漏"出墙后的出口，"藏"住真正入口。这种"藏与漏"的手法以同样的原理和不完全一致的表现形式出现在两个园子中。

2）照壁的空间形式

竹园的照壁，有前、左、右三个。入口左边的照壁为"U"字形，为外照壁；入口右边的照壁为"L"形；前面的照壁为宽口"U"字形（图2-4-17）。而且，竹园的照壁不是中部遮挡，其前照壁为中间开"口"，右照壁和左照壁为下面开"洞"，完全颠覆了传统的照壁形式，但是照壁遮挡的功能不变。

3）照壁的位置经营和空间感知

前面的照壁沿着主园路把人引出竹园，左边的照壁下面的长窗把人的视线引向院外的水

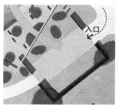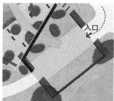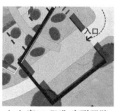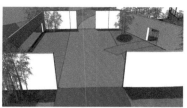

（a）"U"字形照壁　　（b）"L"字形照壁　　（c）宽口"U"字形照壁　　（d）照壁效果图

图2-4-17　竹园中的照壁

面；只有右边照壁上开的小"洞"，反而是竹园主景区的入口。

　　游人从主路进入后，置身于四角以墙壁围合成的开敞空地，如入"瓮城"；不知何去何从，却为竹园里的精彩景色埋下了伏笔。

　　**5. 竹园中的"廊"**

　　1）"廊"的建筑意向

　　竹园的山采用的是抽象的表现手法，使人"不识庐山真面目，只缘身在此山中"。抬升的坡地使人穿梭在错位的景墙之间，只有亲身体验，才能感受到如穿越山谷之间的蜿蜒盘桓。这里并没有点题，而是让游人用身体去体验。

　　同时，园中的三岛也印证着中国古代"一池三山"的说法。留园的"小蓬莱"用藤蔓植物营造竖向上的景观，并点题"小蓬莱"。而之所以称为"一池三山"，不仅是因为神话典故中的"蓬莱、方丈、瀛洲"，也是三岛中"竹丛"所营造出的空间感受。竹园中没有传统意义上的山与置石，却有用意境营造出的山。

　　2）廊的空间形式

　　竹园中的爬山廊是全园中唯一向上抬升且曲折的路径，其模仿的就是人在登山时的路线与行为。中国古典园林中多设折廊，在沿折廊游赏的过程中，人与白色粉墙之间的距离发生远近不同、若即若离的变化［图2-4-18（a）］；由此我们不难分析，直廊和曲折的园墙同样可以形成与前者类似的视觉变化［图2-4-18（b）］。而在竹园中的爬山廊、折廊、折墙互相交错，引导视线，于竹园中沿着被曲折的白粉墙远近围合的路径游览的过程中，这种空间形式带给游览者的视觉体验与古典园林如出一辙、似曾相识［图2-4-18（c）］。

　　3）廊的位置经营和身体感知

　　"山"的位置与"舟"相连，即泛舟、登山。而池中三岛则更是典型的中国古典园林格局中的"一池三山"模式。[①]

---

① 高宁. 建章宫"一池三山"之仙山形态试探［J］. 中国园林，2020，36（8）：135-138.

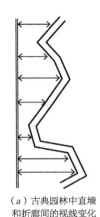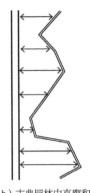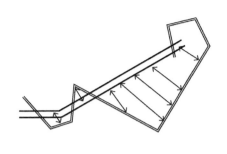

（a）古典园林中直墙
和折廊间的视线变化

（b）古典园林中直廊和折
墙间的视线变化

（c）竹园中折墙与园路之间的视线分析

图2-4-18　竹园与古典园林墙与廊（路径）视线关系对比分析图

这里的"山"与"舟"不是用形态描绘，而是模仿"泛舟"与"登山"这两个行为模式，让观赏者在游赏中去感受。当进入下沉空间的舟中，两侧被包围的墙壁遮挡了视线，产生了水面升高的错觉。此时虽然是站立的状态，却由于水面高度的变化，仿佛与人坐卧时相似。这种感受即使观赏者没有真的划船，从移步换景与在视线高度观察也都与坐卧划船无异（图2-4-14）。而全园唯一一处逐渐抬升的地面"爬山廊"，也通过攀登的行为模式，以及框景错位造成的视线

图2-4-19　竹园中的"廊"

遮挡，而使观赏者产生了真实的身体感受（图2-4-19）。

传统园林建筑意境的四大内涵是相辅相成的。建筑意象依据环境，为建筑设计设立意境目标；空间形式以具体形式体现造景手法；位置经营在把控全局的基础上，为造景手法提供合理布局；身体感知通过空间形式与位置经营，体验设计者的设计意向。这种设计逻辑贯穿于中国古典园林的建筑设计之中。在竹园中将其通过现代的形式表现出来。

"道可道，非常道；名可名，非常名"。竹园的建筑没有点题，让人自己悟。"大象无形，大音希声"。竹园的建筑看似无形，实则"得意而忘形"。竹园颠覆了古典园林中的建筑形式，却得到了传统园林建筑的"意境"，并为中国传统园林建筑的现代转译提供了全新的设计语言。

竹园无疑为园林建筑设计提供了新的思路，四大内涵也为古典园林向现代的转译提供了更清晰、全面的逻辑关系。

# 2.5 竹园——"观器十品"的集结①

为了探索具有中国特色的建筑和园林空间教学体系，中国美术学院的王欣老师以中国山水画和笔筒、竹雕、砖雕等文玩为原型，以理论研究为先导，在中国美术学院开展了一系列空间教学实验，在《如画观法》一书以及《建筑学报》等刊物上发表了"如画观法十五则""观器二则""苏州补丁七记""武鸣贰号园"等教学作品，备受学界关注。吴洪德盛赞王欣的作品完成了中国园林的图解式转换②，王宝珍认为王欣的教学完成了从方法追寻到形式探索③，李春青等强调王欣等人的教学是基于基本空间语言能力和中国人文属性的建筑设计教学的创新改革④，田朝阳等提出了中国古典园林的新观法。"观器十品"在王欣的众多教学作品中是最具代表性的。

由北京林业大学风景园林学院王向荣教授设计的竹园，以抽象的空间形式表达了设计者对古典园林空间的解读。尽管王向荣教授多次发文强调，竹园与古典园林的设计语言无关，"它的形式语言与传统园林没有直接的联系"，但是两者在空间体验上却如出一辙。王欣也表示"观器十品"可作为建筑学入门课程中的示范临本和词源表。

本节试图解决三个疑问：第一，竹园中有"观器十品"或类似的模件吗？第二，"观器十品"仅仅是词源表而不能直接用于设计吗？第三，竹园是否具有中国古典园林的设计语言？并通过对这些疑问的探究，找寻一种古典园林空间教学训练与设计的方法。

## 2.5.1 "观器十品"简介

"观器十品"是王欣在《如画观法》著作中介绍的，可用作建筑学入门课程的示范临本和词源表。通过对传统中国山水画中空间营造的结构意识与观景方法的探索，借助于"观器

① 本节内容源自：赵子冬，田朝阳. 竹园——"观器十品"的集结 [J]. 林业调查规划，2020，45（6）：193-200；有改动。
② 吴洪德. 中国园林的图解式转换——建筑师王欣的园林实践 [J]. 时代建筑，2007（5）：116-121.
③ 王宝珍. 从方法追寻到形式探索——《乌有园》与《如画观法》书评 [J]. 建筑学报，2015（12）：111.
④ 李春青，王欣，胡雪松，段炼. 基于基本空间语言能力和中国人文属性的建筑设计教学改革 [J]. 高等建筑教育，2013，22（4）：63-68.

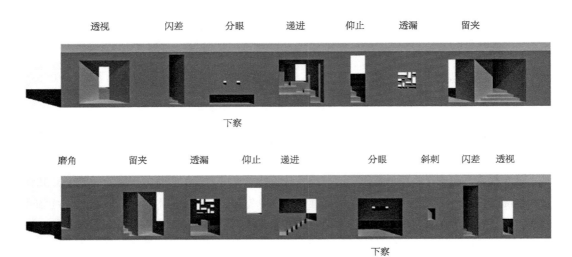

图2-5-1　王欣的观器十品
（资料来源：王欣. 如画观法［M］. 上海：同济大学出版社，2015.）

十品"的视角，展开绘画语言向当代建筑设计转化的一条途径。王欣对传统绘画与造园进行总结，将"观器"分为十品：仰止、透漏、下察、递进、分眼、斜刺、磨角、透视、闪差、留夹，并将其制作为观景器（图2-5-1）。观器十品也因循规律划分为匡裁、洞察、间夹。

## 2.5.2　观器十品与中国古典园林

中国古典园林关于造景的方法有 18 种之多，即借景、对景、框景、夹景、障景、隔景、漏景、藏景、露景、蒙景、引景、分景、添景、题景、影景、色景、香景、天景。仅就借景（狭义的含义指借园外之景）而言，计成就提出了远借、近借、仰借、俯借和应时而借。其中有不少与观器十品相关，如夹景、分景、漏景、藏景、蒙景等。

1. 匡裁三品

王欣将仰止、下察、透漏归纳为匡裁三品。其共同特征是用形状"匡"住有用的景物，"裁剪"不需要的景物。每一品器都为一个方体盒子，从两面诠释匡与裁（图2-5-2）。仰止引导人的视线向上仰望。在相同的距离下，人的视线加长，使主景在空间中更突出（图2-5-3）。透漏除了具有框选主景与遮挡景物的作用，也具有改变主景展现形状的作用，它没有把景物展露无遗，而是通过自己的安排来漏景（图2-5-4）。下察引导人的视线向下，主景在视线的延伸中具有消失感，从而增强了景深（图2-5-5）。

（a）仰止（匡）和仰止（裁）　　（b）透漏（匡）和透漏（裁）　　（c）下察（匡）和下察（裁）

图2-5-2　匡裁三品

图2-5-3　北海公园中的仰止　　图2-5-4　北海公园中的透漏　　图2-5-5　北海公园中的下察

（a）递进　　　　　　　　（b）分眼　　　　　　（c）斜刺　　　（d）磨角

图2-5-6　洞察四品

### 2. 洞察四品

洞察四品为递进、分眼、斜刺、磨角（图2-5-6）。与"匡裁"不同，"洞察"的框更深，正如在洞中观察景物更深远，视线的角度变化对观察的效果影响也更大。

递进是通过空间的逐层叠加而增强深远感与渐层感［图2-5-6（a）］。深远感来自重复与错位的框景叠加，在视线的交错与重复中迷失于空间，如留园的入口（图2-5-7）。渐层感是其空间的不断重复与变化，在寻求统一中发展变化。如古典园林中的叠山掇石，"主峰最宜高耸，客山须是奔趋"，在客山的不断重复与变化下才能突出主山的巍峨。再如图2-5-8中的花池不断叠加向上，形状大小相似却又不同，在统一中寻求变化，丰富空间层次。

分眼是在同一空间中用一个障碍物将空间一分为二，既增加了空间的层次，也给空间带来了深远之感（图2-5-9）。

斜刺如剑刺留痕，开口小而细，通过狭长的空间错位带来深远之感。从正面观察无法看到对面景象，随着视点的位置与角度发生变化，对面物体逐渐映入眼帘。而由于视线的加长与错位，所观察的物体可能变得渺小或不能窥见全貌（图2-5-10）。

图2-5-7 留园的入口

图2-5-8 花池

图2-5-9 北海公园中的分眼

图2-5-10 北海公园中的斜刺

磨角即磨去边角，柔化边线的同时，增加了观察角。

3. 间夹三品

间夹三品为透视、闪差和留夹（图2-5-11），都是通过改变外围空间形状及关系来突出营造主景。在这里，透视的概念更趋近于西方的灭点透视原理。在相同的距离与空间下，通过四边向内聚合带来的视错觉，造成深远的空间迷失感，使四周景物消失而关注于主景（图2-5-12）。

闪差与斜刺形似，都是以错位来遮挡视线、隐藏景物；但与斜刺不同的是闪差可以通行，当从正面无法观察到对面情况时，会产生是否有路的迷惑（图2-5-13）。是否继续前进的选择决定了会不会遇到下一处风景。闪差的空间形式是对"山重水复疑无路，柳暗花明又一村"的最好诠释。

留夹即是空间对比下形成的两可之门。留出的路可通行，夹住的可望而不可行。正如方塔

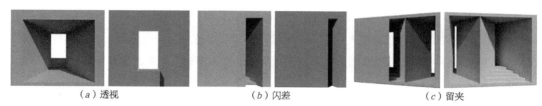

（a）透视 　　　　　　　（b）闪差　　　　　　　（c）留夹

图2-5-11　间夹三品

（图2-5-2~图2-5-11资料来源：安然、黄新彦、王海阳《观器十品观察记录》课件，https://wenku.baidu.com/view/7e70bd68c5da50e2524d7f99.html。）

图2-5-12　颐和园中的透视　　图2-5-13　颐和园中的闪差　　图2-5-14　方塔园垂花门的留夹

园中的垂花门，远看有三处开口可通行：一处留门，两处夹门；而供人通行的仅是中间的门洞（图2-5-14）。

## 2.5.3 "观器十品"与竹园

竹园通过一道曲折的白粉墙与分隔的青砖墙勾勒了花园的边界，同时也完成了整个空间的营造。每一部分空间中都蕴藏了不同的观景手法。由此我们不难找出相同的"观器十品"（图2-5-15）。

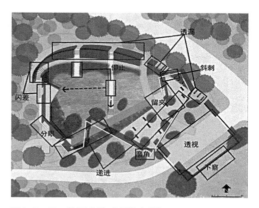

图2-5-15　竹园中的"观器十品"

### 1. 仰止与下察

竹园横跨水面、连接两岸的桥梁为下沉空间，形似舟，也是全园中的最低点。在其中向四周观望，为仰视。其中向西侧可以仰望至台，大水面为底，没有路，正如"匡裁"中的"裁"。而向北或向南仰望可看到逐层升高的台阶，台阶上层则为视线的终点即主景，此为"匡裁"中的"匡"（图2-5-16）。站在从水面伸出的台上向北眺望具有相同的效果。

　　竹园中的下察处于全园的主入口处，由墙壁下察处可窥视到另一处水面。由于水岸边际被遮挡，人只可从下察洞口窥见水面，给本来面积不大的水池增添了无限的想象空间。

### 2. 透漏

　　竹园中弧线形的青砖墙体被分割成"柱"与"短墙"。从园外向园内看，可透过墙体的漏洞窥见园内的景物。而园内的景象被墙体分割得大小不一，短墙遮挡了园内的大部分风景，增添了竹园的神秘感（图2-5-17）。竹园用墙体表现出了传统漏窗的功能。

### 3. 递进

　　竹园中南侧的白粉墙呈"之"字形，反复曲折，并在曲折的墙面上开门洞。这些门洞角度不同，大小各异，互相交错，遮挡人的视线。层层门洞形成递进，增加了整个路径的深远感。同样有递进关系的还有用植物围合的休憩场地。植物种植分为两列，但却不整齐、对仗，树丛的冠幅更是不加统一。递进的空间关系在面积有限的场地内延长了视线，从而带来深远的视觉感受（图2-5-17）。

### 4. 分眼

　　分眼最重要的作用就是把空间分隔成两部分，在同一空间中产生两种不一样的空间感受。

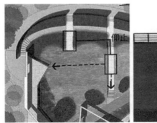   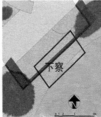 

（a）仰止分析图　　　（b）仰止中的"裁"　　（c）仰止中的"匡"　　（d）下察位置　　　（e）下察效果图

图2-5-16　竹园中的仰止与下察

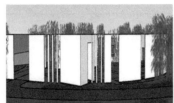 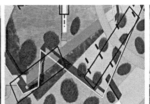  

（a）竹园中的透漏效果图　　　　（b）递进位置图　　　（c）门洞的递进　　（d）植物的递进

图2-5-17　竹园中的透漏与递进

竹园的分眼作为入口之一，将两个门并置于观赏者面前，让其选择，虽然进入的是同一空间，但运动过程与感受却截然不同。如选择左边入口，看似亲近水面、视野开阔，但前方却无路通行，只可静观。而另一门可窥见路线盘桓曲折、不宜通行，但却是进入园内的正确选择（图2-5-18）。

### 5. 斜刺与磨角

斜刺与磨角都在竹园的边角，是园内空间与园外空间互相交流的中介。斜刺位于竹园东北角，在座椅上望向斜刺的洞口可以瞥见园外风景。磨角位于竹园东南角，比斜刺的开洞大且观察角度更多。在相对封闭的空间中，斜刺与磨角打破了禁锢感，将园外的风景引入园内。斜向的角度也引导观赏者产生更多的观赏行为，从而增加了赏园的趣味性（图2-5-19）。

### 6. 透视

竹园中的透视即为主入口墙壁围合的矩形。矩形开两口，用于出入，但一开口大，一开口小。从主路方向进入较大开口，所见为开敞空地与较小开口。两者形成的透视关系从视觉上产生了深远之感，使进入园内的视线交错，产生对比（图2-5-19）。

### 7. 闪差与留夹

竹园的闪差有两处，最典型的为西侧的入口。其曲线形入口遮挡了前方园路，需要沿曲墙前进，才可发现园路。另一处闪差虽然可以观察到前方的水面，但并不可窥见园路，只有通过门洞

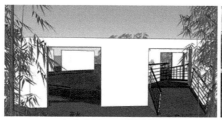

（a）分眼——两可之门　　　　　　（b）亲水之门的景象（左入口）　　　　（c）亲山之门的景象（右入口）

图2-5-18　竹园中的分眼

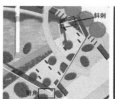

（a）斜刺与磨角位置图　　（b）斜刺效果图　　　　（c）磨角效果图　　　　（d）透视位置图　　　（e）透视效果图

图2-5-19　竹园中的斜刺、磨角与透视

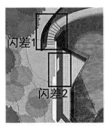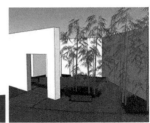

（a）竹园中闪差的位置　　　（b）闪差1效果图　　　　（c）闪差2效果图　　　　（d）竹园中的留夹效果图

图2-5-20　竹园中的闪差与留夹

进入台中，才能发现右侧的园路。两种闪差形式虽然不同，但其引导方法与目的是相同的。

在图2-5-20（d）中左侧的门可通行，为留夹；右侧是竹林相夹形成的窄小空间。两侧都可通行，但带给人的感受却不同。

从以上分析可以看出，竹园中存在"观器十品"或与之相似的模件。"观器十品"不仅是词源表，而且可以直接用于设计。正像王欣所说："它们更大程度上不是设计，而是一组原型，但角色俱备。它们是多极指向的，随时取用，发展出新的东西"。虽然王向荣一再强调竹园与古典园林的形式语言并无直接关系；但很明显，竹园采用的形式语言来自中国古典园林，只是更抽象、更隐秘。

王欣的"观器十品"发表于2009年，实际设计成果的形成时间肯定更早；王向荣的竹园，建成于2007年，二者基本同时出现。王欣的"观器十品"来源于国画，王向荣的竹园来自中国古典园林。可谓英雄所见略同，殊途同归。

"观器十品"为一组模件化造园实验的模件，竹园则完成了从模件实验到造园的具体实践，二者真可谓抛砖引玉、珠联璧合的典范，为中国古典园林的现代转译和模件化造园提供了难得的教学和设计案例，具有划时代的意义。

# 2.6　竹园——空间拾遗

## 2.6.1　竹园中的中国精神

### 1. 世外桃源的外环境

竹园被一片竹林包围其中（图2-6-1），竹林与围墙互相穿插，模糊了竹园"内"与"外"

的界限。竹叶之间的交叠与透空更是"藏"与"漏"了园内的景象。正如《桃花源记》所描述的："夹岸数百步，中无杂树……复前行，欲穷其林。"竹林的遮挡不断吸引着游人前行，一览园内风光。它同时蕴含了传统山居精神，即远离世俗，追求自然本质。[①]这也正是王向荣对园子特质总结的第一个层面——花园精神，即花园要充满诗意，赋有较高的精神境界。同时从第二个层面上说，园内与园外环境要有逻辑关系。[②]董雅提到

图2-6-1 被竹林围绕的竹园

"山居空间选址隐于城市之中，又可观外界变化。"竹园用茂密的竹林营造了世外桃源的外环境。

2. 芥子须弥的微空间

《祖堂集·归宗和尚》中说道：微小的芥子中能容纳巨大的须弥山，形容小中也能见大。竹园的场地面积仅有1300m²，面积虽小，却从未缺失花园设计的复杂程度。竹园被一道曲折的白粉墙与曲直兼有的青石墙相互穿插并围合起来，折墙改变了视线，产生了回环的时间感。如留园中的复廊，虽然只是围绕水域，却加长了行走路线，令游人在侧与横中观察事物形态，在回环中感受时间维度，此为竹园中芥子须弥的第一式。全园用一道墙划分出园内相互贯通、大小与形状不一的微空间，游人在微空间中不断穿梭，动与静随之产生，动即游历，静可思考。竹园中由体验而产生的思考跨越了现代与古代，是现实与理想精神的融合，此为竹园中芥子须弥的第二式。

3. 洞天福地的城市山林

植物是构成空间的工具，不是构成图案的材料。竹作为洞天福地的常用园林植物，被用于竹园种植的同时，也营造了场所空间。在中国古代的神话传说中，道教理想的仙境有高峻的昆仑山、海中的蓬莱和神秘的壶天，这三种仙境模式各不相同，但都"与世隔绝"。[③]竹园池中三岛种植的竹林可被看作"山"，茂密的竹林高耸于水面，模山范水布列其中。"竹山"遮挡了视线，分割了水面，与水岸种植的竹林相互呼应。同时，竹林将园内人工化的硬质边界加以软化，使整个元素与手法更贴近自然。茂密的竹林为"亭"与"榭"提供"顶"的功能，为游人遮风挡雨的同时，又提供了游人赏园、赏景的观赏点。

① 董雅，郭潇. 中国传统山居观对环境设计的影响 [J]. 中国园林，2017，33（8）：48-51.

② 王向荣，林箐. 竹园——诗意的空间，空间的诗意 [J]. 中国园林，2007（9）：26-29.

③ 吴会，金荷仙. 江西洞天福地景观营建智慧 [J]. 中国园林，2020，36（6）：28-32.

童寯先生在《江南园林志》中提出："盖人之造园，初以岩穴本性，未能全矣，城市山林，壶中天地，人世之外，别辟幻境；妙在善用条件，模拟自然。"文中童寯提到城市山林意在"宛自天开"，"竹深树密虫鸣处，时有微凉不是风"，或是"宁可食无肉，不可居无竹"，其中不同，各由心境。竹园中洞天福地的意境营造，达到了人与自然统一的高度（图2-6-2）。

图2-6-2　仇英《独乐园图》局部

## 2.6.2　竹园中的空间结构

### 1. 寻寻觅觅的入口

竹园中穿插的墙体营造了许多隐秘的入口（图2-6-3）。这些入口联系了园内外空间的同时，也控制了游线。曲折的墙面将整个竹园分为了前院与主庭院。前院的入口作为进入全园的主入口，但进入主入口后如果被正前方的入口2吸引而忽略了右侧真正通往主庭院的入口1，就会被"诓出"花园。再如入口8和9，两门并排设置，框景不同。

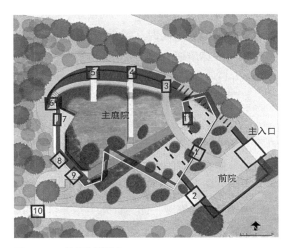

图2-6-3　竹园隐秘的入口

入口8看似景物开阔、有路可循，但入园后却被前方围栏挡住。观察入口9，前路曲折，但这才是真正亲近水面之路。入口10和6看似无路可走，实则曲径通幽。入口3、4、5、7不断引导游人在园内与园外来回穿梭，模糊园林的边界。正如童寯先生曾说："中国古典园林其实就是一座诓人的花园，是一处真实的梦幻佳境，一个小的假想世界"。竹园每一处入口都是惊喜。

### 2. 小径分叉的园路

在竹园中游人无论怎样行进，都无法避免被园内曲折的墙面所引导，无从选择地掉入设计者的意图陷阱——围绕主庭院的大水面，至少绕行竹园一周。如果不以环形绕行整个主庭院，则必将造成游线上的缺失，无法完整体验整个园子。从主入口进入后，如果被"诓"出园外，还可再次通过曲径通幽的另一入口进入（图2-6-4）。竹园的园路错综复杂，无法仅仅通过体验，就能凭靠记忆画出平面图。通过分叉的路径延长了人的观览路线，丰富了游观体验，这正是沿用了古代江南园林因面积有限而设计复杂路径的手法。

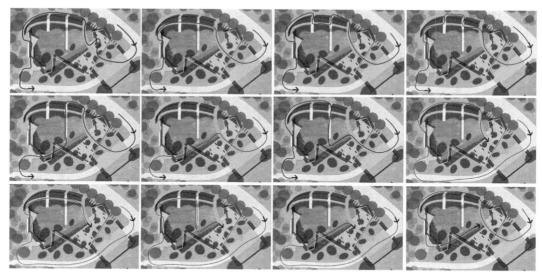

图2-6-4　竹园中的路径分析

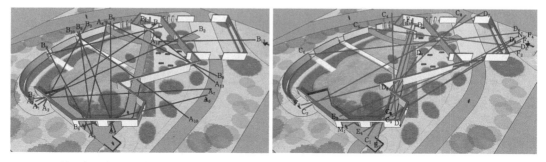

图2-6-5　竹园中透过不同层次门框的视线分析

### 3. 扑朔迷离的视线

　　设计复杂路径的作用首先是加长游览路线，造成左顾右盼的视线引导，增加造景机会，引发深远感。竹园中对视线的引导扑朔迷离，使游人仿佛置身于迷宫之中（图2-6-5）。对视线错综复杂的引导在王向荣的作品中并不少见。在2011年的法国肖蒙城堡国际花园节中，"心灵的花园"用轻柔的纱幔和植物分隔空间（图2-6-6），纱幔随风飘舞，对于视线的引导更加扑朔迷离。[①]所不同的是竹园用"框"引导视线，心灵的花园用"透"造成视错觉，但其作用都是阻隔

---

① 林箐，王向荣. 心灵的花园 [J]. 中国园林，2012，28（8）：83-85.

视线，增强空间感受。

### 4. 层出不穷的空间

几乎贯穿于全园的折墙，其弯折角度看似随意，分隔出形状、大小都不统一的空间。在与植物共同围合空间的情况下，墙面的围合为实，植物的围合为虚。之所以能做到密而不紧，除了采用以植物阻挡视线、围合空间的手段，也因为空间被有节奏地分隔成大小不一的形态。"宽处可容走马，密处难以藏针"，此中的密处（难以藏针之地）即为哑巴空间。哑巴空间视线可达，但人不可近，正是这种不可到达之地预留了一片空白，才能使空间产生"不挤"的效果。由于

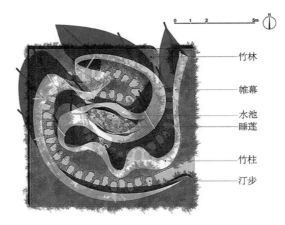

图2-6-6 心灵的花园平面图
（资料来源：林箐，王向荣. 心灵的花园 [J]. 中国园林，2012，28（8）：83-85.）

墙面的曲折与门洞的交错，竹园中可见大量框景错位的效果，这就进一步加大了景深，丰富了空间效果（见图2-3-17～图2-3-19）。

### 5. 应接不暇的景物

路径曲折的目的就是使"眼前有景"。[①]竹园中的景物通过视线的转换而应接不暇。园内并没有因为设计元素的简单、抽象而造成空间的过于开敞，而是运用地形的高差与路径的曲折营造丰富无尽的景观（图2-6-7）。

图2-6-7 竹园中运用高差营造景观效果

---

① 童明. 眼前有景：江南园林的视景营造 [J]. 时代建筑，2016（5）：56-66.

### 2.6.3　竹园中的空间片段

　　"竹园"中许多局部的空间片段都具有中国古典园林空间的意向（图2-6-8），带给人似曾相识的空间体验。例如，竹园的入口与尽端院落形成对景，与梧竹幽居和别有洞天的对景空间意向很相似（图2-6-9）。又如竹园尽端院落有梧竹幽居的空间意向；竹园另一空间片段被三面围合，墙面留门，形成和与谁同坐轩极为相似的空间效果等。

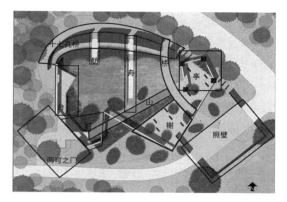

图2-6-8　竹园建筑意向分析

  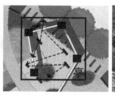 

（a）亭与台的对景　　　（b）梧竹幽居与别有洞天对景　　　（c）竹园中的"亭"分析　　　（d）梧竹幽居

图2-6-9　竹园空间片段与中国古典园林空间片段的对比分析

### 2.6.4　竹园中的造园要素

　　1. 显而未见的建筑

　　尽管竹园已经极其抽象，但我们仍然可以找出具有中国古典园林意向的构筑物——亭、台、轩、榭、舫、舟、山、桥。这些抽象的构筑物不仅具有基本的使用功能，同时其位置经营与构筑意向也都体现了古典园林的造园精髓。

　　2. "捕风捉影"的竹林

　　"梅兰竹菊"是中国传统植物的代表。竹高傲有节气的象征一直都是文人抒发情怀的媒介。苏东坡说"宁可食无肉，不可居无竹"。在竹园中，竹的作用并不仅限于情怀的寄托，更多的是在动静对比中营造出意境。静宜园的松树由于被风吹动枝干而沙沙作响，仿佛听懂了佛经而连连点头，因此得名"听法松"。竹园中的竹静态时可遮阳，被风吹动时发出如海浪般的声响。当人陷入沉思之中，心静而竹响，更营造出不一样的意境。

### 2.6.5　竹园中的水墨质感

竹园中的元素极其抽象，但并不缺失水墨画的意境。两道墙壁并没有用相同的材质，而是白粉墙与青石墙交错使用。以墙为纸，竹为墨，门洞为框，中国传统山水画的元素一应俱全，如画的境界就此产生。贝聿铭苏州博物馆的假山，从正面看虽如山水画作美轮美奂，石材也根据画理，十分考究。但移动至侧面看时，山石顷刻崩塌而成片石，传统的移步换景不再体现。竹园的"纸"与"墨"交错变化，不会因为角度的变化而不成构图。

竹园是一个具有中国精神的花园，无论其空间结构、要素还是质感，都带给人们似曾相识的视觉体验，其空间转换更是与中国古典园林相似。竹园是对中国古典园林的抽象表达，更是对中国古典园林的现代诠释，这体现了设计者对中国古典园林的深层次思考。竹园是中国古典园林现代转译的典范。

## 2.7　"解构"竹园——中国古典园林空间教学训练和设计的方法探究[①]

德国艺术史学家奥古斯特·施马索夫（August Schmarsow）于1893年在一篇题为《建筑创作的核心》的演讲中，首次明确提出"空间"一词作为建筑设计的核心。[②]

20世纪中叶以来，空间问题已被明确提出并成为建筑学教学的核心。从勒·柯布西耶的"多米诺"体系[③]和凡·杜伊斯堡的空间构成，到"得州骑警"的"九宫格"[④]练习等，再到国内葛明的"体积法"[⑤]、王澍的实验建筑[⑥]、王欣的"乌有园"实验[⑦]等，无论是对西方现代建筑教学体系的传承与改革，还是对本土教学体系的探索，都是在探寻建筑或园林的空间设计方式。国

---

[①] 本节内容源自：刘路祥，田朝阳."解构"竹园——中国传统园林空间教学训练和设计的方法探究 [J]. 沈阳建筑大学学报（社会科学版），2021，23（4）：355-361；有改动。

[②] 朱雷. 空间操作：现代建筑空间设计及教学研究的基础与反思 [M]. 南京：东南大学出版社，2010.

[③] 韩雨晨. 建筑形态学视角下的多米诺体系的演化与变形 [D]. 南京：东南大学，2015.

[④] 韩艺宽. 再读透明性 [D]. 南京：南京大学，2015.

[⑤] 葛明. 体积法（1）：设计方法系列研究之一 [J]. 建筑学报，2013（8）：7-13.

[⑥] 王明贤. 中国实验建筑的崛起——普利兹克建筑奖花落中国有感 [J]. 艺术评论，2012（4）：2-4.

[⑦] 王欣，金秋野. 乌有园（第二辑）[M]. 上海：同济大学出版社，2017.

内学者如王澍、王欣、董豫赣、金秋野、童明等，更是将目光转向中国古典园林，从古典园林中挖掘空间营造元素，正在用古典园林理论指导现代建筑的创作与实践。中国园林作为一种空间较为独特的园林类型，应有自己独立的空间教学和设计体系。

竹园去除了复杂的形式和内容，追求空间的纯粹性，以抽象的空间，展示了对中国古典园林的现代诠释，表达了设计者对古典园林的独特理解，呈现了一个具有中国传统精神的现代园林，是传统与现代融合的典范。本节引入"解构"的概念和方法，以竹园为对象，对其进行"解构"，并对"解构"后的竹园进行分析，以揭示竹园背后隐匿的中国古典园林空间特质，并试图通过这一过程探寻一种古典园林空间教学训练与设计的方法——模件造园。

## 2.7.1 "解构"的概念和方法

### 1. "解构"的概念

为明确"解构"的概念，从逆反法的角度，通过明确与其对立的"结构"概念来厘清"解构"的含义。

字典中对"结构"的解释是"各个结成部分的搭配和排列"，也是"作品的各个部分之间有机的组织联系"。据此"结构"的概念实质上表达着"部分之间有机的组织联系"的内涵。明确了"结构"的概念"解构"一词就容易理解了。所谓"解构"就是将"结构"解开，或者解释为拆开"作品的各个部分之间的有机组织联系"。

### 2. "解构"的方法

建筑师王昀对密斯的巴塞罗那德国馆进行了"解构"。[①]图2-7-1（a）所示是"结构"状态下的巴塞罗那德国馆平面图。从图2-7-1（a）到图2-7-1（b），对空间进行抽象，将德国馆的水池、雕塑等建筑中的辅助性要素去除，只保留巴塞罗那德国馆的墙面，便得到更加纯粹的巴塞罗那德国馆图示［图2-7-1（b）］。再将图2-7-1（b）状态下的德国馆立体化，所得到的图2-7-1（c）依然可以体现巴塞罗那德国馆的面貌。"解构"巴塞罗那德国馆就是将"结构"状态下的德国馆空间进行分解，"将德国馆中各个有机的组织联系"拆开和破碎。在这一概念指导下，在经过从图2-7-1（d）到图2-7-1（g）的一系列操作后，最终得到"解构"的巴塞罗那德国馆空间组件。

王昀通过"解构"的方法得到了"解构"后的巴塞罗那德国馆，但并没有更进一步地展开分析。尽管如此，从其"解构"巴塞罗那德国馆这一系列过程，可以了解并明晰"解构"能够

---

① 王昀."解构"密斯的巴塞罗那德国馆［J］.华中建筑，2002（1）：13.

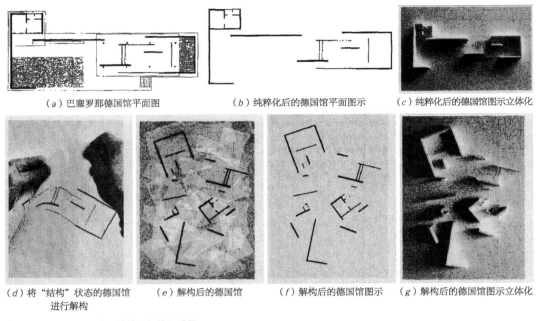

（a）巴塞罗那德国馆平面图　　　（b）纯粹化后的德国馆平面图示　　（c）纯粹化后的德国馆图示立体化

（d）将"结构"状态的德国馆　　（e）解构后的德国馆　　（f）解构后的德国馆图示　（g）解构后的德国馆图示立体化
进行解构

图2-7-1　巴塞罗那德国馆的"解构"过程
（资料来源：王昀. "解构"密斯的巴塞罗那德国馆［J］. 华中建筑，2002（1）：13.）

作为一种建筑或园林空间分析的方法。

## 2.7.2　竹园的"解构"

### 1．过程

将如图2-7-2（a）所示的竹园剔除植物、水体、座凳等要素，得到更加纯粹的竹园图示
［图2-7-2（b）］，这时竹园依然保留着"结构"的状态。在如图2-7-2（c）所示的竹园立体
图示中，竹园空间依然清晰可辨。将"结构"状态下的竹园进一步分解，将墙体间的组织联系
进行破除，得到"解构"状态下的竹园图示［图2-7-2（d）］。在将"解构"后的竹园组件立
体化［图2-7-2（e）］之后，得到了一组凌乱的空间组件［图2-7-2（f）］。

### 2．结果

"解构"状态下的竹园已经极其抽象，但从图2-7-2（f）中依然可以找出具有中国古典园
林空间意象的元素（如照壁、厅等）。通过"解构"竹园的这一过程，可以发现其中隐含着一
种具有中国古典园林空间意蕴的营造方法。

其一，"解构"后的竹园中依然可以找到具有中国古典园林意向的空间片段，如类似于拙

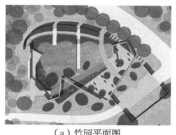
（a）竹园平面图

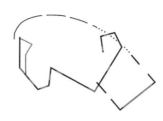
（b）纯粹化后的竹园平面图示

（c）纯粹化后的竹园图示立体化

（d）"解构"后的竹园图示

（e）"解构"后的竹园图示立体化

（f）"解构"后的竹园组件图示

图2-7-2　竹园的"解构"过程

（a）台

（b）照壁

（c）亭（梧竹幽居）

（d）两可之门

（e）轩（与谁同坐轩）

图2-7-3　"解构"后的竹园空间片段

政园的梧竹幽居、与谁同坐轩的空间形式和意象等（图2-7-3）。尽管这些片段在形式上已经极度抽象，但在其空间的体验上，依然保持着中国古典园林的感觉。

其二，相较于竹园"结构"状态下的整体样貌，"解构"后的竹园片段更便于清晰地找到隐匿于竹园墙上的"观景模件"。而这些模件，可以在中国美术学院王欣老师的观器十品中得到进一步的印证。竹园墙上的"观景模件"在设计中存在着提取、优化和应用的可能。

其三，"解构"后的竹园，在形式上已经成为一系列散碎的组件（或模件），而且这些组件在经过变化后，存在着一定形式的拼装重组的可能。这种可能在王澍的中国美术学院象山校区二期建筑设计模件化倾向中能够得到印证。

### 2.7.3　空间教学训练——模件造园的方法

#### 1．模件造园的原理

德国著名汉学家雷德侯[①]在《万物：中国艺术中的模件化和规模化生产》一书中提出了一组关于模件、模件体系、模件化的概念。据雷德侯研究，中国艺术和文化的各个方面均渗透着模件体系或模件思维的运用。在中国文化艺术的众多方面都呈现出模件化的特征或倾向，而这一模件化体系的典范就是中国的汉字系统。[②]雷德侯研究提出，每个汉字均由可拆解的模件，即偏旁构成。经过总结，雷氏最后在其成果中提出，汉字是由元素、模件、单元、序列、总集这5个由简到繁的层级构成，分别对应于汉字的笔画、偏旁部首、单字、一组同部类的字和全部汉字这5个层级。

在对"解构"后的竹园进行分析的过程中，可以找到一种"模件造园"的方法。在抛开具体场地限制的情况下，将"解构"后的竹园片段通过变形、调整、重组，可以得到新的"竹园"形式。而这个新的"竹园"可能与"解构"前的竹园形式相去甚远，但其空间却同样具有中国古典园林的意蕴和精神。

#### 2．空间训练要求

基于这一思想，将"解构"后凌乱的竹园组件进行整理、排列、编号，每个组件均表现出形态各异的空间形式。

在之后的风景园林专业空间教学训练中，设置一个长、宽分别为30m和20m的矩形场地，让学生在不改变现有组件的前提下，从a~n这14个组件[图2-7-2（d）]中任意选择多个组件进行拼接重组。同一个组件可以不限次数地重复使用。这种情况下学生表现出了极大的学习兴趣和动力，每一位学生均在很短的时间内完成了作品。

#### 3．空间训练效果

从中挑选3幅学生作品进行展示（图2-7-4），可以直观地感受到3幅作品依然有着类似于中国古典园林的丰富视觉体验和空间转换；这些作品的呈现形式与王向荣教授的设计作品竹园表现出了极大的相似性。

---

① （德）雷德侯. 万物：中国艺术中的模件化和规模化生产 [M]. 张总，等，译. 党晟，校. 北京：生活·读书·新知三联书店，2012.

② 许伟东. "模件化"与中国艺术：雷德侯《万物：中国艺术中的模件化和规模化生产》阅读札记 [J]. 新美术，2010，31（4）：71-76.

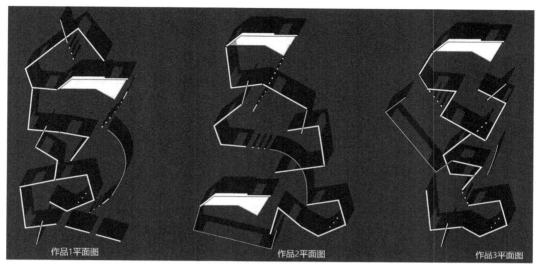

（a）风景园林专业空间教学作品平面图示

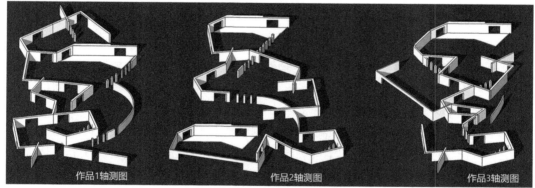

（b）风景园林专业空间教学作品轴测图示

图2-7-4  教学训练作品

## 2.7.4  设计实践——模件造园方法的实践应用

在空间教学训练的基础上，借助郑州植物园儿童探索园的场地，进行了更进一步的实践操作，以展示模件造园的过程和成果；同时，也希望以此进一步验证该空间设计方法的可行性。

相较于教学中的空间教学训练，实际设计受到了更多场地现状要素的限制。在该设计中，根据实际需求，将从"解构"竹园中得到的组件进行了更大的改变。

### 1. 设计表达

设计中通过一套折墙组件形成全园的骨架，组件结合原有小径，在场地内互相穿插，以此限定多个既清晰又模糊的空间边界。设计中折墙组件的方向具有不确定性，表现出或与道路方向吻合，或与道路形成角度。折墙在场地内划分出多个流动的、相互贯通的、不同尺度和形状的小空间，而这恰与中国古典园林典型的空间结构相似。

由于折墙组件在视线及空间上的围合、限定和分隔，在场地内营造出或疏或密、或远或近、或藏或漏等多样的空间转换和丰富的视觉体验。折墙组件如同一个"观景器"，被整体置入场地内，结合设计用地内原有的数条如同纵横阡陌的小径，将整个设计用地分割成6个大小不等的院落，这与中国古典园林院落十分相似。每个划分院落的墙片均由形式丰富的窗框构成景框，以形成视线上的交互和渗透。由此带来空间大与小的体验，以及视线远与近的转换。

2. 效果呈现

郑州植物园儿童探索园园艺体验区的设计所营造出的效果具有多样的空间选择、深远的空间层次和丰富的视觉体验；呈现出的这些空间效果与中国古典园林的空间体验是极为相似的。尽管该设计在形式上与中国古典园林相去甚远，但是在园艺体验区的空间体验上，建立了与中国古典园林的内在联系。

3. 形式创新

设计中"下察"和"矮墙"两种新形式的应用创造了更为丰富的视觉体验。"下察"在无形之中使人的视线被压低，进而使看到的实物被压缩。正如图2-7-5中由远及近的行人，实际是走在宽敞的路上，但在视觉感观上像走在一条线上。"矮墙"上部视线通透，下部通过遮挡一部分地面，可以形成视觉错位，在视觉体验上像墙后物体被拉近了稍许距离。

"时宜得致，古式何裁"，孟兆祯院士曾指出创新要扎根于中国园林的传统特色；突破"传统"与"现代"的束缚，体悟古典园林的启示；将传统融入现代设计，实现中国古典园林的现代转译，完成传统与现代的结合。这是中国园林现代化进程开始以来无数风景园林设计师不断探索的目标。中国园林作为一种空间独特的园林类型，应该且必须有自己独立的空间教学和设计体系。本节通过"解构"竹园，探寻一种具有中国古典园林精神且符合现代审美方式的营造

（a）框景中远处的行人　　　　　　　　　　　　　　（b）框景中走近的行人

图2-7-5 "下察"的视觉体验

方法——"模件造园",并将这种园林空间营造方法应用于风景园林空间教学(见第4章)和现代园林作品设计(见第5章)。旨在为中国古典园林的教学与实践提供一种新的思路,为古典园林的传承和现代转译提供参考。

## 2.8 竹园——中国园林史上的巴塞罗那德国馆<sup>①</sup>

### 2.8.1 竹园和巴塞罗那德国馆

建于西班牙巴塞罗那的国际博览会德国馆(1929年)是建筑大师密斯·凡·德·罗的代表性作品,也是密斯的成名之作。巴塞罗那德国馆表达了流动空间的建筑设计理念,对20世纪的建筑风格产生了广泛的影响;同时,也使密斯成为当时世界上最受瞩目的现代建筑师,关于这一点建筑史中早有定论。巴塞罗那德国馆展现了密斯对空间、构造和形式纯粹性的追求。运用抽象的概念,去除附加装饰,表达建筑的空间本质。

王向荣教授设计的竹园同样去除复杂的形式和内容,追求空间的纯粹性,以抽象的空间表达对中国古典园林的现代诠释,采用传统与现代融合的方式,表达设计者对中国古典园林的独特理解。

将巴塞罗那德国馆与竹园两者相提并论并非笔者心血来潮。在2005年王向荣教授在向住房和城乡建设部(时称建设部)汇报厦门园博会调整后的方案时,建议增加一个设计师园区(后定名为风景园林大师园),这一设想得到了罗哲文、梁永基等先生在内的所有专家的肯定:"密斯设计的德国馆就是在1929年巴塞罗那博览会上产生的,相信设计师们会在厦门园博会留下优秀的作品,并能在园博会结束后带给中国园林界一些深远的影响"。<sup>②</sup>由此可见包括"竹园"在内的大师园作品,在设计之初便被寄予能够如巴塞罗那德国馆一样产生深远的影响的美好期待。

两个看似不同的作品,在去除时代背景、风格样式、材料色彩等的考量之后,却呈现出本质上的共同之处。对于西方建筑与中国园林的关联研究本节亦非个例,如同济大学赵娟曾就

---

① 本节内容源自:刘路祥,田朝阳. 从巴塞罗那德国馆看"竹园"的意义 [J]. 湖南城市学院学报(自然科学版),2021,30(2):43-49;有改动。

② 杨联. 从梦想到现实 第六届中国(厦门)国际园林花卉博览会风景园林师园区建设历程 [J]. 风景园林,2007(4):53-54.

西班牙建筑师阿尔伯托·坎波·巴埃萨（Alberto Campo Baeza）的加斯帕住宅与苏州网师园五峰书屋的空间相似性与差异性进行比对分析；[①]中国建筑设计研究院钟曼琳就童寯先生的造园"三境界"，对赖特和康的现代建筑作品进行剖析；[②]也有学者就现代建筑七项原则与中国古典园林逐一比对，论证了中国古典园林空间的现代性；还有学者对留园古木交柯与巴塞罗那德国馆，四面厅与范斯沃斯住宅两组建筑进行比对研究，探索中国传统园林建筑空间与西方现代建筑空间的相似性等。无论是用中国园林的造园理论分析西方现代建筑，还是就西方现代建筑理论分析中国园林，亦或是西方现代建筑与中国古典园林的关联研究，都不乏其例，且视角独特。由此也不难看出，就空间的本质而言，中国传统与西方现代的固化标签也并非实有。

王澍在《东南园墅》的序言中提到："中国的园林建筑布置如此错落有致，即使没有花草树木，也成园林。这句话对做设计的建筑师是能够产生重大影响的，因为它带出了园林的抽象结构，使得园林语言和西方现代建筑语言之间形成可能的对话关系"。

本节从抽象的概念出发，介绍密斯的巴塞罗那德国馆所受抽象艺术的影响，并从功能、要素、形式、空间等方面解读了巴塞罗那德国馆，揭示了巴塞罗那德国馆里程碑式的历史意义。以同样的方式解读竹园，借此表明竹园是对中国古典园林进行现代诠释的经典，是传统与现代结合的典范。旨在进一步指出在"如何实现中国古典园林的传承与现代转译"这样一个宏大的命题下，竹园具有重要的里程碑的意义。

## 2.8.2　抽象与现代艺术

"抽象"一词的原义是指人类对事物非本质因素的舍弃与对本质因素的抽取。[③]一部分原始艺术品和大部分工艺美术作品以及书法、建筑等艺术门类，就其形象与自然对象的偏离特征来说，应属抽象艺术；但作为自觉的艺术思潮的抽象艺术则兴起于20世纪的欧美。诸多现代主义艺术流派，如抽象表现主义、立体主义、塔希主义（Tachisme）等，均受此影响。

在艺术中的抽象最初只是对具象的概括和提炼，使得画面消解了具体的轮廓和细节，变得具有高度的象征性。可以从皮特·蒙德里安（Piet Cornelies Mondrian）的《树》系列作品和凡·杜伊斯堡的《俄罗斯舞蹈的节奏》演变来理解抽象概念的内涵。[④]

### 1.　树的抽象——蒙德里安

蒙德里安从具象走向抽象的美学实验，选择了一棵有着正常姿态的横斜树木，作为具体对

---

① 赵娟. 两组江南古典园林局部与现代建筑的案例比较研究 [D]. 上海：同济大学，2008.

② 钟曼琳. 造园"三境界"对赖特和康的现代建筑作品的剖解研究 [D]. 北京：中国建筑设计研究院，2013.

③ 罗文媛，赵明耀. 谈建筑形式的抽象与表达 [J]. 哈尔滨建筑工程学院学报，1992（4）：88-91.

④ 郭丁凡. 流动空间路径做法研究：巴塞罗那德国馆与沧浪亭流动空间比较研究 [D]. 杭州：中国美术学院，2016.

图2-8-1 蒙德里安的《红树》

图2-8-2 《灰树》

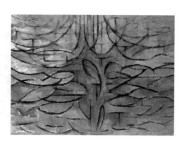
图2-8-3 《开花的苹果树》

象。第一步抽象是针对色彩，他将常规的绿色植物，抽象为反常的红色（图2-8-1），这里我们依然可以看到树木的姿态和造型。当我们看到《灰树》中树撑满了整个画面，树的枝干几乎全部伸展到画框，仿佛画框把树剪切在它所包围的空间里，这时树的个别特征已被多数抹去（图2-8-2）。第二步抽象是针对属性，树木的横斜姿态，被如圆规绘制的几何弧形所抽象，并被压平在同一个平面内（图2-8-3）。最后，经过一系列复杂的抽象过程，它们最终被抽象为横平竖直的三原色方块构成（图2-8-4）。蒙德里安认为垂直与水平的抽象姿态，既已抵达无生命的永恒状态，就能构造出万物共相的抽象造型。[1]

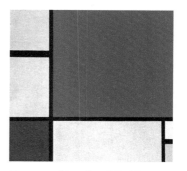
图2-8-4 《红、黄、蓝构成》

### 2. 人体的抽象——凡·杜伊斯堡

德国艺术史家沃林格（Wilhelm Worringer）在《抽象与移情》里提出，抽象艺术以抽离一切相关生命的流变特征为代价，将几何造型视为抽象艺术所能抵达的共相成果。在这一理论的指导下，凡·杜伊斯堡在《俄罗斯舞蹈的节奏》中，从具象人物形象出发到抽象元素化构成，人物形象由模糊直至消失，取而代之的是舞蹈节奏本身。最终从具有生命的舞蹈者身体里抽象出非对称的无机几何造型，也就抵达了蒙德里安从树中抽象出的几何造型（图2-8-5）。

密斯的建筑设计受到抽象艺术的影响，他主张去除繁琐的装饰，回归想要表达的物体本身。在建筑造型上，简化形式，用直线与方形组成简约的几何形体，化繁为简，表达纯粹的想法。这一点与蒙德里安的抽象艺术在形式表达上非常相似。

相较于蒙德里安仅限于二维平面的抽象而言，凡·杜伊斯堡倾向于一种动态的四维空间的表现。在其图示中，一些在三个维度上相互平行或正交的面，彼此分离，相互穿插与交错。但

① 董豫赣. 玖章造园 [M]. 上海：同济大学出版社，2016：87-98.

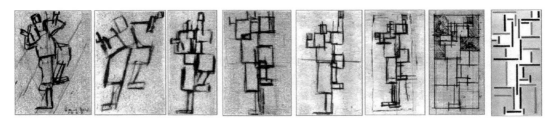

图2-8-5　《俄罗斯舞蹈的节奏》抽象演变过程
（资料来源：郭丁凡. 流动空间路径做法研究：巴塞罗那德国馆与沧浪亭流动空间比较研究［D］. 杭州：中国美术学院，
2016.）

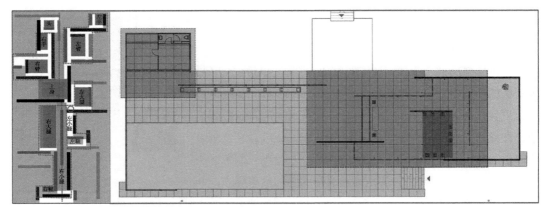

图2-8-6　凡·杜伊斯堡的作品与巴塞罗那德国馆的比较示意
（资料来源：郭丁凡. 流动空间路径做法研究：巴塞罗那德国馆与沧浪亭流动空间比较研究［D］. 杭州：中国美术学院，
2016.）

作为艺术家的凡·杜伊斯堡仍然只是倾向于表达抽象的概念，真正将这一抽象的空间操作理论付诸实践、在建筑中真实表达的是密斯的巴塞罗那德国馆（图2-8-6）。

### 2.8.3　巴塞罗那德国馆的抽象表达

#### 1. 功能的抽象

　　毕业于日本东京大学的著名建筑师王昀博士，将密斯的巴塞罗那德国馆与赖特的罗比住宅进行比较（图2-8-7），证明密斯的巴塞罗那德国馆所表现的设计概念和意向是以赖特的罗比住宅为蓝本发展而来的。[①]尽管王昀论证了巴塞罗那德国馆的双层夹层源自于罗比住宅的壁炉，但

----

① 王昀. 从巴塞罗那德国馆的建筑平面中读解密斯的设计概念［J］. 华中建筑，2002（1）：11-12，17.

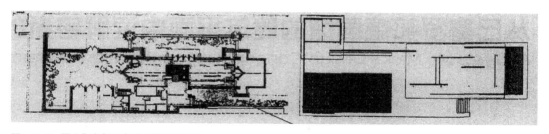

图2-8-7 罗比住宅与巴塞罗那德国馆比较
（资料来源：王昀. 从巴塞罗那德国馆的建筑平面中读解密斯的设计概念［J］. 华中建筑，2002（1）：11-12，17.）

当我们再次认真比对两座伟大的建筑时，巴塞罗那德国馆相较于罗比住宅已经没有了客厅、壁炉、卧室、卫生间、厨房等一系列实际功能要素，更像是一个展示空间的装置。正如何塞·昆特拉斯（José Quetglas）描述的他独自一人在巴塞罗那德国馆中的情形，他唯一的活动就是凝视着，"除了空间还是空间"。[①]

### 2. 要素的抽象

无论相比于赖特的罗比住宅，还是同时期密斯的柯罗勒-缪勒住宅，亦或是密斯其他时期的建筑设计，巴塞罗那德国馆的设计都更追求建筑要素的纯粹化，去除复杂元素，有的只是墙以及由墙的交错与穿插形成的入口。

### 3. 形式的抽象

汤凤龙在《"匀质"的秩序与"清晰的建造"》一书中总结了卡尔·弗里德里希·辛克尔（Karl Friedrich Schinkel）对密斯的影响，其中极为重要的一点是密斯追求建筑表现形式的纯粹化的倾向。[②]不难看出巴塞罗那德国馆相较于这一时期的柏林阿尔特斯博物馆（Altes Museum）、柯罗勒-缪勒住宅等作品，前者显现得更多的却是形式的纯粹化。垂直的、相互穿插的墙壁和上方水平的屋顶，巴塞罗那德国馆形式的纯粹性使其总体给人一种印象，即它已经不再是一座建筑，更像是一座展示空间的"容器"。

### 4. 空间的抽象

密斯在巴塞罗那德国馆的设计中去除功能的繁琐、要素的多样、造型的复杂，摆脱建筑的装饰性以及建筑形式的束缚，正是为了追求空间表达和建筑造型的纯粹性。正是因为这种纯粹性，用抽象的概念表达建筑的空间本质，从而使德国馆这座建筑清晰地表达了密斯对空间的理解，进而也使这座建筑清晰地表达了密斯流动空间的概念。

① 卢永毅. 建筑理论的多维视野［M］. 北京：中国建筑工业出版社，2009.
② 汤凤龙. "匀质"的秩序与"清晰的建造"［M］. 北京：中国建筑工业出版社，2012.

## 2.8.4　竹园的抽象表达

### 1. 功能的抽象

中国古典园林中廊、亭、轩、阁等建筑物，在功能上都可以归结为"亭"——即"停"的意图，旨在提供休憩观景的场所。在竹园的设计中，古典园林中小体量的亭、轩等被抽象成了观景平台，古典园林中大体量的堂、阁等被抽象成了静态的观景角落。[①]古典园林中廊的功能通过抽象方式被表达出来。在古典园林中，折廊与直墙形成观景视线的若即若离，营造远近交互的视觉体验，而这种若即若离的视线体验在竹园中被以折墙与直路的形式完美呈现。

### 2. 要素的抽象

竹园用抽象的方法删繁就简，用唯一的植物材料——竹子展示中国园林的植物艺术，用白色的粉墙和青色的石墙表达园林的骨架，再现了中国古典园林意境。要素从来不是决定园林的根本，就像童寯先生所言"中国的园林建筑布置如此错落有致，即使没有花草树木，也成园林"。我们看竹园也同样可以感受到"竹园的空间如此诗意，即使没有假山、建筑，也成园林"。

### 3. 形式的抽象

竹园的表现形式与中国古典园林相去甚远。竹园虽被称为"园"，却已经与我们所见到的传统意义的园林尤其是中国古典园林不同，已经没有了中国古典园林里建筑的形式、假山的形式等，竹园的设计者王向荣教授自己也表示，竹园的形式语言与中国古典园林没有直接联系。尽管如此，它带给人们的视觉感受与气氛体验同中国古典园林依然是相近的（图2-8-8）。

### 4. 空间的抽象

竹园已经没有中国古典园林的假山、楼阁、轩榭等，表达的重点也不再是色彩、植物、符号、材质、景观片段等，竹园用抽象的概念，表达空间的纯粹性，表达园林空间的本质，已经彻底地将空间以外的附属要素清除了。竹园用抽象的空间建立了与中国古典园林的内在联系，而且这种空间在体验上是具有中国古典园林精神的。

王向荣教授曾在访谈中表达自己对园

图2-8-8　竹园的视觉体验

---

① 张大玉，任兰红. 从"竹园"看中国古典园林的现代诠释［J］. 中国园林，2013，29（6）：59-64.

林作品的观点，他认为最优秀的园林作品具有五个层面的特质：精神、结构、片段、要素和质感。其中最核心的层次是最不易把握的抽象的精神。①诚然，优秀的园林作品是这五个层面艺术品质的综合，风格也由这五个层面的特征共同决定。但同时王向荣教授在竹园的设计中也表达了对现代风景园林设计师的希冀，即尽可能多地表达出抽象的层面，而对人们熟悉的景观片段、要素等刻意回避。竹园表达了设计者王向荣对中国古典园林空间深层次的思考和独特理解。

从王昀的"'解构'密斯的巴塞罗那德国馆"一文中我们可以得到"解构"的方法。将竹园按照图2-7-2所展示的过程进行"解构"，最后得到解构状态下的竹园。此时的竹园似一堆凌乱的模件，这些模件可以通过任何一种方式被随意组合。尽管解构状态下的竹园已经极其抽象，但我们从这样一堆组件中依然可以找出具有中国古典园林空间意向的元素，比如拙政园的梧竹幽居、与谁同坐轩的空间形式、意向以及位置经营（见图2-7-3）。在解构竹园的过程中，我们发现竹园中似乎隐藏着一种营造中国古典园林意蕴的方法。

## 2.8.5　竹园与巴塞罗那德国馆的相似性

### 1. 功能的相似性——展示性与宣示性

巴塞罗那德国馆可以理解为一个展示现代建筑流动空间的装置，而且这种展示还具有宣示性，宣示着密斯本人对现代建筑空间的独特理解。竹园与巴塞罗那德国馆有着极其相似的目的，王向荣教授希望通过竹园展示自己对中国古典园林空间的独特感悟。他认为园林只有空间是永恒的主题，除此之外的一切都可以被剔除。在这一点上"竹园"无疑与巴塞罗那德国馆有着绝对的相似性。

### 2. 要素的相似性——墙与入口

巴塞罗那德国馆的要素包括地面、墙体和局部屋顶，而竹园只有地面和墙体。墙体是唯一的竖向要素。黄居正教授认为现代主义建筑中最纯粹的建筑是密斯的巴塞罗那德国馆②，而在竹园的设计中，王向荣教授也在极力追求空间表达的纯粹性。两件作品的设计都删除繁杂的附加要素，仅仅用墙体的交错或分离形成进入空间的入口，而且这种入口没有形式，极为简洁（图2-8-9、图2-8-10）。

### 3. 空间的相似性——空间的流动性

克里斯蒂安·诺伯格-舒尔茨（Christian Norberg-Schulz）在其著作《建筑意象》中表

---

① 俞孔坚，王向荣，章俊华，等. 风景园林师访谈 [J]. 风景园林，2007（4）：72-73.

② 王昀. "解构"密斯的巴塞罗那德国馆 [J]. 华中建筑，2002（1）：13.

图2-8-9　德国馆墙体及入口

图2-8-10　竹园墙体及入口

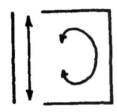

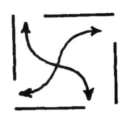

图2-8-11　《建筑意象》中的空间流动性示意
（资料来源：（美）詹克斯，（美）克罗普夫. 当代建筑的理论和宣言［M］. 周玉鹏，雄一，张鹏，译. 北京：中国建筑工业出版社，2005.）

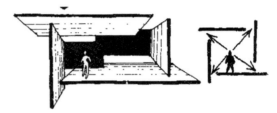

图2-8-12　《现代建筑语言》中的四维分解示意
（资料来源：（意）赛维. 现代建筑语言［M］. 席云平，王虹，译. 北京：中国建筑工业出版社，2005.）

达了通过拆除建筑四角的形式营造空间的流动性（图2-8-11）；①布鲁诺·赛维在《现代建筑语言》一书中用四维分解法拆解原本四维空间中的封闭界面，使各界面之间的结点分离而各自保持独立、自由，从而达到空间延伸及流动的效果，生成流动空间（图2-8-12）。②密斯在巴塞罗那德国馆中的做法与赛维的四维分解法理论相似，墙体被灵活布置，空间被自由划分，使得空间与空间之间相互穿插、相互贯通，形成流动的空间。③

　　流动空间亦绝非巴塞罗那德国馆等西方现代建筑的专属，正如李凯生教授曾指导学生对比分析巴塞罗那德国馆与沧浪亭的流动空间。也有学者将留园的古木交柯与巴塞罗那德国馆的流

①（美）詹克斯，（美）克罗普夫. 当代建筑的理论和宣言［M］. 周玉鹏，雄一，张鹏，译. 北京：中国建筑工业出版社，2005.
②（意）赛维. 现代建筑语言［M］. 席云平，王虹，译. 北京：中国建筑工业出版社，2005.
③庞启玲. 中国传统园林空间与西方"流动空间"的对比研究初探［D］. 广州：华南理工大学，2018.

动空间进行比较。王澍也曾指出过沧浪亭翠玲珑空间的流动性更甚于密斯的巴塞罗那德国馆。[①]

在竹园中墙体被有意灵活地布置，空间同样被自由划分。墙体的分解、开门留窗，视线与路线分离等方式，使得空间与空间相互穿插、贯通，形成流动空间，而且这种空间的流动性更加强烈。

4. 所处场所的相似性——展览会

竹园和巴塞罗那德国馆同为展示性作品，而非具有实际功能的作品。两件不同时代的作品诞生之后的命运反差很大，巴塞罗那德国馆后来产生了巨大的反响，尤其是在世界建筑界，作为教科书的典范，影响了几代人的设计风格，数十年后更被重建。但竹园建成后却如石沉大海，悄无声息，更谈不上具有世界影响，关注与分析竹园的学者亦是寥寥无几。

5. 时代背景的相似性——转折点

巴塞罗那德国馆设计于1929年，竹园设计于2007年，虽然相差近80年，但是，前者正处于古典建筑走向现代建筑的转折时期，因此具有里程碑式的意义和广泛的影响；后者处于中国古典园林向现代转化的时期，同样具有重要的意义和价值。

然而，竹园被忽略了，正如冯纪忠先生的方塔园与何陋轩曾被建筑学者们忽视一样。[②]但幸运的是冯纪忠先生与方塔园正被建筑学重新认知——"久违的现代"[③]，竹园同样应该被园林学者们重新认知。

## 2.8.6　竹园历史地位再认知

巴塞罗那德国馆是一座具有伟大意义的建筑，就其在建筑历史发展中的地位而言，更是一个划时代的作品，具有里程碑式的意义。密斯的伟大就在于他勇于用抽象的概念，从本质上表达建筑。密斯设计了巴塞罗那德国馆，同时这个作品也成就了密斯。

竹园设计者的伟大之处在于其勇于运用抽象的概念，去除园林中诸如色彩、形式、材质等复杂要素，从本质上表达中国园林的空间意韵。回顾2007年厦门园博会大师园的展园作品，可以看出竹园是仅有的关注中国古典园林空间特质，并勾勒出其现代轮廓的作品，塑造了一个符合现代人审美习惯的具有中国历史品质的现代花园。

或许正是因为竹园舍去了复杂，转而追求极度的空间纯粹性，才使得它更明晰地表达了其他设计师想要表达而未能实现的中国园林空间的思想和理念。尽管竹园设计之初褒贬之声不

---

① 王澍. 自然形态的叙事与几何——宁波博物馆创作笔记 [J]. 时代建筑，2009（3）：66-79.

② 顾孟潮. 冯纪忠先生被我们忽略了——中国建筑师（包括风景园林师、规划师）为什么总向西看 [J]. 中国园林，2015，31（7）：41-42.

③ 冯纪忠，王大闳. 久违的现代 [M]. 上海：同济大学出版社，2017.

断，时至今日已罕被提起，但伟大的作品往往伴随着争议与孤独，正如尼采所说"更高级的哲人独处着，并不是因为他想孤独，而是因为在他的周围找不到他的同类"，那么建筑和园林作品又何尝不是如此呢！

实现传统与现代的结合，是中国园林现代化进程开始以来，无数园林设计师梦寐以求的目标，王向荣在竹园中给出了自己的答案。竹园无疑是中国古典园林现代诠释的经典，传统与现代结合的典范，对于"如何实现中国古典园林的传承与现代化转译"这样一个宏大命题，竹园具有重要的意义。

3

# 模件造园——中国古典园林现代转译的模件化空间操作方法

## 3.1　模件造园的原理

### 3.1.1　模件造园原理与类同形异原理

德国著名汉学家雷德侯在《万物：中国艺术中的模件化和规模化生产》一书中提出了一组关于模件、模件体系、模件化的概念，详细研究并介绍了中国的汉字、青铜器、兵马俑、青铜器、工厂艺术（漆器、纺织、陶器、瓷器）、建筑、活字印刷、书法与绘画等艺术的模件化特征，及其对规模化生产的重要意义。

### 3.1.2　中国传统艺术中的模件化和规模化

1. 汉字的模件化和规模化

汉字是一个模件化和规模化体系的典范。中国的文字由元素、模件、单元、序列、总集五个由简而繁的层级构成，分别对应于汉字的笔画、偏旁、单字、同部类的字和全部汉字这五个层级（表3-1-1）。

汉字的模件对比 表 3-1-1

| | |
|---|---|
| 元素（element） | 单独的笔画 |
| 模件（module） | 偏旁部首 |
| 单元（unit） | 单独的汉字 |
| 序列（series） | 一组同部类的字 |
| 总集（mass） | 全部的汉字 |

汉字的笔画（模件）是有限的，常见的是64笔画（图3-1-1），最简化的只有8种笔画（永字八法）（图3-1-2），却能创造出5万多个具有不同形式和意义的优美汉字系统。

可能读者会问，为什么不用字母，只有26个，岂不更方便、快捷记忆？

原因有很多，雷德侯指出，例如在形式上，汉字比字母更有趣和优美；系统的内容也更为充实和丰富，比如一页汉字写成的中文比一页字母写成的外文包含的信息更丰富。但是，最重要的原因是：中国人不愿意他们珍爱的文章付之于口语稍纵即逝的发音。而这恰恰正是欧洲人所做的。字母是表音符号，单词是表音文字，每当空间隔离或时间隔离以后，方言就会产生，时间久了，方言就会变成一种独立的语言。随之需要配套不同的文字和文献。例如，在罗马帝国衰亡以后，当拉丁语不再是欧洲统一的语言时，便发展出了五花八门的民族语言和文字。

现在，倘若欧洲人要阅读500km以外或500年以前的文字时，他就需要重新学习一门新的语言。汉字正好相反，是表意符号，它所记录的不是词语的发音而是意义。不同地域、不同时代的人完全可以毫不费力地通读不同历史阶段和不同地域的文字。因此，文字在中国成为保持文化一体性和政治制度稳定的最有力的工具。这种令人敬畏的统一性在世界历史上是无与伦比的。其中，模件的价值功不可没。

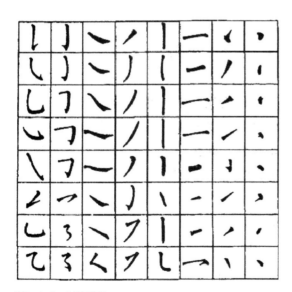

图3-1-1　64笔画表
［资料来源：（德）雷德侯. 万物：中国艺术中的模件化和规模化生产［M］. 张总，等，译. 党晟，校. 北京：生活·读书·新知三联书店，2012.］

图3-1-2　永字八法
［资料来源：（德）雷德侯. 万物：中国艺术中的模件化和规模化生产［M］. 张总，等，译. 党晟，校. 北京：生活·读书·新知三联书店，2012.］

### 2. 青铜器制造的模件化和规模化

中国古代的青铜器（图3-1-3）制造也是如汉字一样，具有模件化和规模化的特征，这在雷德侯的《万物：中国艺术中的模件化和规模化生产》一书中有详细论述，此处不再赘述。

### 3. 兵马俑的模件化和规模化

秦代是如何在短期内制造几千个形态各异的兵马俑的？

答案还是：模件化。

制造者首先把兵马俑分为头部、身躯、下部几个部分。各个部分再细分，如头部再细分五官，每个五官做出简单的几个造型。工序由不同的工匠同时完成，分别制造出模件，模件组装成为整体。

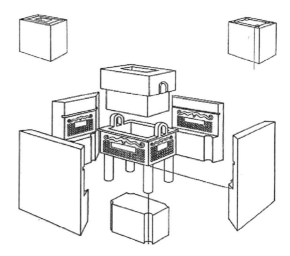

图3-1-3　青铜器制造的模件化
[资料来源：（德）雷德侯. 万物：中国艺术中的模件化和规模化生产［M］. 张总，等，译. 党晟，校. 北京：生活·读书·新知三联书店，2012.]

只有应用了模件系统，才有可能合理安排生产，以当时现有的材料，在有限的时间内，才有可能完成这一非凡壮举：造就数量惊人又姿态万千的兵马俑大军。

### 4. 建筑的模件化和规模化

《营造法式》一书详细记载了中国建筑的斗栱、梁柱体系的模数系统（图3-1-4）。

### 5. 绘画的模件化和规模化

《芥子园画谱》四卷又称《芥子园画传》，是中国画技法图谱，诞生于清代。清代著名文学家李渔曾在南京营造别墅"芥子园"，并支持其婿沈心友及王氏三兄弟（王概、王蓍、王臬）编绘画谱，故成书出版之时，即以此园名之。该画谱堪称中国绘画的教科书，在中国的画坛上，流传广泛，影响深远，孕育名家，施惠无涯者，《芥子园画谱》当之无愧也。画谱系统地介绍了中国画的基本技法，浅显明了，宜于初学者习用，故问世300余年来，风行于画坛，至今不衰。许多成名的艺术家，当初入门，皆得惠于此，称其为启蒙之良师，是一点不过分的。后来，又有吴蓬临摹的《芥子园画谱》四卷。

书中从名家名作中，总结出一些供初学者临摹、练习使用的各类画谱（树木、山石、人物、建筑等）——各类构件（绘画模件），并教授人们如何利用其中的模件来构成画作。在植物绘画中，更是细致地分为梅谱、兰谱、松谱、竹谱。在每一章节后面，都附有根据这些模件构成的成品画，用以呈现模件造画的效果（图3-1-5~图3-1-9）。

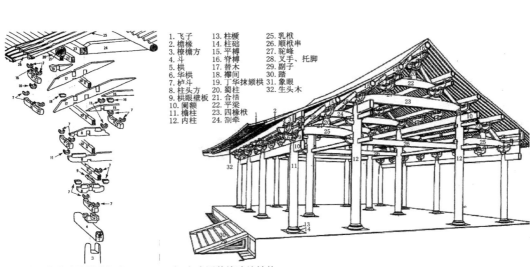

| 1. 飞子 | 13. 柱櫍 | 25. 乳栿 |
| 2. 檐椽 | 14. 柱础 | 26. 顺栿串 |
| 3. 橑檐方 | 15. 平槫 | 27. 驼峰 |
| 4. 斗 | 16. 脊槫 | 28. 叉手、托脚 |
| 5. 栱 | 17. 替木 | 29. 副子 |
| 6. 华栱 | 18. 襻间 | 30. 踏 |
| 7. 栌斗 | 19. 丁华抹颏栱 | 31. 象眼 |
| 8. 柱头方 | 20. 蜀柱 | 32. 生头木 |
| 9. 栱眼壁板 | 21. 合㭼 | |
| 10. 阑额 | 22. 平梁 | |
| 11. 檐柱 | 23. 四椽栿 | |
| 12. 内柱 | 24. 剳牵 | |

（a）中国传统建筑模件组合
（资料来源：潘谷西. 中国建筑史
[M]. 第五版. 北京：中国建筑工
业出版社，2004.）

（b）中国传统建筑结构
（资料来源：侯幼彬. 中国建筑美学 [M]. 北京：中国建筑工业出版社，2009.）

图3-1-4　中国传统建筑的模件系统

图3-1-5　《芥子园画谱》中的植物模件
（资料来源：吴蓬，杨为国. 芥子园画谱 [M]. 桂林：广西师范大学出版社，2002.）

图3-1-6　《芥子园画谱》中的山石模件和动物模件
（资料来源：吴蓬，杨为国. 芥子园画谱 [M]. 桂林：广西师范大学出版社，2002.）

图3-1-7 《芥子园画谱》中的人物模件
（资料来源：吴蓬，杨为国. 芥子园画谱［M］. 桂林：广西师范大学出版社，2002.）

图3-1-8 《芥子园画谱》中的建筑模件
（资料来源：吴蓬，杨为国. 芥子园画谱［M］. 桂林：广西师范大学出版社，2002.）

图3-1-9 《芥子园画谱》中的竹谱模件
（资料来源：吴蓬，杨为国. 芥子园画谱［M］. 桂林：广西师范大学出版社，2002.）

### 3.1.3  中国传统艺术中的模件化创作与类同形异现象

模件化创作必然导致类同形异的大量产品，这几乎出现在所有艺术品中。例如，在绘画界，模件原理就产生了大量类同形异的作品。

第一，中国文人画的发展有一个十分突出的特点，早期的画家往往亲自游历名山大川，收集大自然中的各种素材，作为绘画的基础材料。到了后期，尤其是清代，很多名画家往往足不出户，从收藏的名画中，截取片段素材，作为创作的基础，混合在一起，构成画作。其中以董其昌尤为突出，而且别具一格，另成一派。他所截取的素材正是他"造画"的模件。这类画作虽属拼凑，但与原作依然是类同形异。拼凑的速度和产品数量远远超越前者。

第二，中国画分为三类，山水画、花鸟鱼虫画、人物画。历史上的画家成千上万，无外乎还是这三类画家，每一类画家都成百上千。而且，每一类画作的题材十分相似。因此，写仿的概率很高（写仿也是模件造画的一种），由此产生了大量类同形异的作品。

第三，中国文人画家还有一个特点，就是很多著名画家专长于某一类景物的刻画。如郑板桥画竹，一生画竹无数，数量庞大。但是，观者一眼就能识别是郑板桥所为，说明他形成了自己的特点，正所谓类同形异，这与其中运用的模件相似大有关系。近代，齐白石画虾，别具一格；徐悲鸿画马，独树一帜；张大千画山水，自成一派。这与他们各自创造的绘画模件的相似性不无关联。齐白石的虾画无数，徐悲鸿的马画更多，张大千的山水画也不在少数，但是，其独特性不可泯灭，他们的画作都具有类同形异的结果。

### 3.1.4  中国古典园林艺术的模件化和规模化与类同形异现象

模件化创作园林的运用必然导致大量类同形异的园林产品。

第一，中国古代园林，尤其是现存的江南园林，给人以似曾相识的感觉。如果不是专业人士，第一次游览苏州园林时，建筑相似、假山相似、植物相似、水体相似，如果不看园门前的园名和园中的点题，根本分不清留园、拙政园、网师园、狮子林等，它们看上去都差不多。给人的感觉是，除了空间还是空间。

第二，中国古代园林，尤其是现存的江南园林，数量庞大。以苏州园林为例，虽然现存的园林数量不多，但是历史上的园林多不胜数。

第三，《园冶》既然是前人造园经验的总结，就说明计成前的江南古典园林有很多共同性。苏州园林是人们集体无意识的结晶，虽然《园冶》成书以后其书在中国消失300多年，但是这种集体无意识的建造依然在延续，依然是类同形异的结果。《园冶》用图谱记载了大量建筑、门窗等制式，并用文字描述了假山、水体、植物的制式。说明，古典园林造园是有式可寻的，并且存在大量类似模件化的构件。再比如，造山大师戈玉良、张南垣等所造假山，虽各不同，但是，每个人的作品都是有标签的，都是类同形异的结果。

第四，中国古代园林深受绘画的影响。山水诗、山水画、山水园，都来自大自然。山水诗是对大自然的文字描述，山水画是对大自然的图像记载，山水园是对大自然的空间造型。大自然是相似的，山水画、山水园也应该是相似的。比如假山，有山顶、山谷、山涧、山脚、山坡、山腰。

第五，历史上，中国山水画对山水园的影响是久远而又深刻的。尤其是明代后期，山水画直接影响了山水园的欣赏和建造。正像前面提到的那样，山水画的学习教材《芥子园画谱》，就是模件造画的范本。那么，为什么不能为山水园的学习编写一本《芥子园园谱》作为初学者的教材或教程呢？

第六，绘画与造园相似，只不过绘画是二维的，虽然也讲空间经营，即"构图"，但是这不是重点，而且《芥子园画谱》作为初学者的入门教材，把重点放在了体现画面效果的绘画元素上。园林则不同，重点在空间经营，而且《芥子园画谱》已经将元素图解得很清楚。所以，作为初学造园者教材的《芥子园园谱》重点应放在空间操作上。通过空间模件的拆分和组合，构建众多类同形异的空间模型，实现规模化造园设计，提高效率，加快中国古典园林现代传播的速度，满足文化自信的园林需求。

## 3.2 模件原型的掌握

本书模件是通过"解构"的方法对王向荣教授设计的竹园进行"解构"并最终获得，无疑，竹园便是这些模件的原型。有关模件原型——竹园的分析在本书第2章已经作了详细的论述，此处不再赘述。

对竹园原型的掌握不能仅仅停留在对其平面、要素等内容的表层认知，应该深悟竹园每个片段所代表的空间内涵，只有如此才能感知到竹园"解构"后的空间片段的价值。

这里需要说明的是，关于中国古典园林的学习路径不唯一，本书只是提供了一个思路或想法。关于模件的获取，本书选用的原型是竹园，同样也鼓励学者创新选用其他经典作品为原型最终获得模件，之后依然可以沿用本书模件操作的方式进行练习。如王云才教授也曾按照"字""词""词组"等不同的层级以苏州拙政园为例总结出包含"建筑空间""绿化空间""山水空间"的97个空间片段（图3-2-1），这或许也可以作为空间练习的模件。

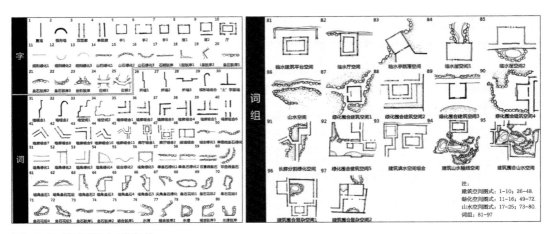

图3-2-1　拙政园97个空间组件

（资料来源：王珲，王云才．苏州古典园林典型空间及其图式语言探讨——以拙政园东南庭院为例［J］．风景园林，2015（2）：86-93．）

## 3.3　模件的认知

模件造园的基础之一便是对模件的认知，模件的认知主要包括以下五个方面。

第一，学习者要对现有模件的生成过程有所了解，然后对得到的模件进行仔细的观察和分析。把握左右、前后、上下各个角度模件的构造细节，以及在原型空间模型中的空间作用。用手绘和计算机软件反复练习，直至烂熟于心。

第二，模件仅仅是构成空间的抽象载体，不具有材料特性。在实际造园中，其材料可以是任何材质，如砖墙、木材、玻璃、钢材等材料，甚至可以是绿篱等植物材料，学生可以根据自己的喜好和造园的需要，自由选择。

第三，本书的模件是最基础的简化模件，是对"竹园"抽象后最终得到的纯粹化"竹园"空间，通过"解构"的方式打破"竹园"固有的形体联系，最终得到的一组简化模件（见图2-7-2）。本书没有将"竹园"的其他元素（如竹园中的园路、建筑、堤、岛、水面、植物等）单独列出，确认为模件，是为了减少模件的数量，简化模件的复杂度，减小操作的练习难度，便于学习和掌握。实际操作中，这些元素也可以成为模件。

第四，模件的多变性。本书确认的模件是从竹园"解构"而来的（图3-3-1），"解构"的标准也是本书作者自己定的，不具有唯一性和排他性。学生也可以根据自己的需要，自己"解

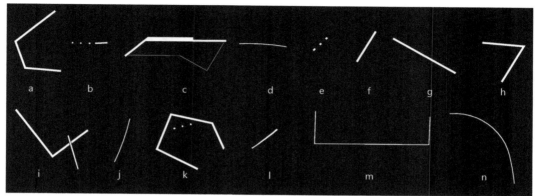

（a）"解构"后的竹园组件平面图

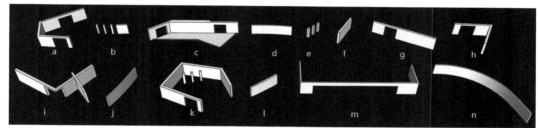

（b）"解构"后的竹园组件透视图

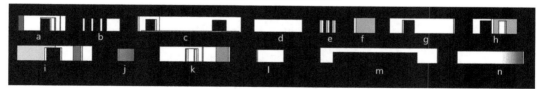

（c）"解构"后的竹园组件前视图

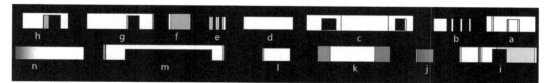

（d）"解构"后的竹园组件后视图

图3-3-1 "解构"后的竹园模件

构"竹园，得出自己的模件，用于模件操作和模件造园。这也是本书作者所鼓励的。

第五，模件的开放性。本书的模件仅代表中国古典园林的一部分常见空间构件，学生也可以从众多的古典园林案例中，找到更多、更新、更独特的模件，丰富模件类型，补充模件系统，建立更加丰富的模件库。这也是本书作者所期望的。

## 3.4　模件造园操作法则

　　正如汉字由偏旁部首构成，构成汉字也是有一定规则的。模件造园的模件操作也不能任意组合，必须符合中国古典园林空间营造的基本法则或原理。为了便于理解，本书以"竹园"为例将法则（原理）模式化和图示化，示例模件操作的法则（原理）及其空间模式。

### 3.4.1　法则一：空间单元模式

　　原理：由于建筑、廊、道、假山以及石砌驳岸的大量应用，中国古典园林的平面图示中折线远多于直线和曲线，这也注定中国古典园林平面中基本线的类型为复合线。多种复合线围合出古典园林中多样的、变化的复合阴阳角图形，并由多种复合形构成古典园林多样变化的、突变的复合阴阳角空间。因此，中国古典园林是由复合线、复合形、复合空间构成，故而中国古典园林的空间特征是动态的，是融入时间要素的多维空间。复合线富于变化，复合形构成复合空间（图3-4-1）。

### 3.4.2　法则二：空间结构模式

　　原理：中国古典园林的空间结构有三种模式。"一池一山"模式、"一池三岛"模式、"围合+豁口（桃花源）"模式（图3-4-2、图3-4-3），分别代表了不同时期、不同地域、不同人

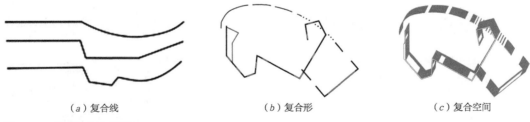

（a）复合线　　　　　　　　　　（b）复合形　　　　　　　　　　（c）复合空间

图3-4-1　空间单元模式图示

（a）一池一山　（b）一池三岛　　（c）围合+豁口　　　　（a）竹园一池三岛　（b）竹园"围合+豁口"　（c）竹园整体图示
　　　　　　　　　　　　　　　　　　　　　　　　　　　模式　　　　　　　模式

图3-4-2　空间结构模式图示　　　　　　　　　图3-4-3　竹园结构模式分析图

群的中国先民的理想空间模式。水中的山和岛避免水面空间一览无余，不规则的边界使造园更加自由。

### 3.4.3 法则三："步移景异"的整体空间构图模式

原理：中国古典园林空间的特质在于对动态的时间维度即对"时间设计"的关注，"时间设计"是"步移景异"的代名词。复合空间、复合路径、中心水域、池岛结构、凸角物体（见图2-3-10、图2-3-11）可以使视线和动线分离，"步移景异"，延长游园的时间。

### 3.4.4 法则四："小中见大"的空间手法模式

原理：遮挡地面、框景、框景错位、仰视、俯视可以使空间模糊，起到小中见大的效果（图3-4-4～图3-4-20，见图2-3-17～图2-3-19）。

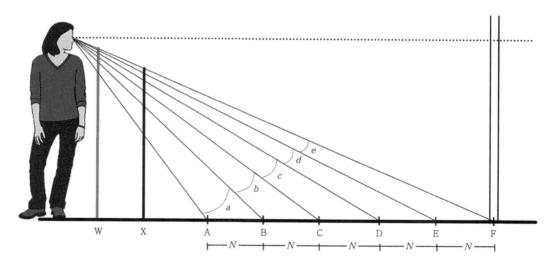

图3-4-4 遮挡地面纵立面分析图

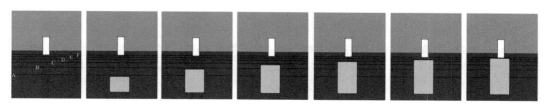

图3-4-5 遮挡地面正透视图

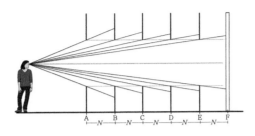
图3-4-6  窗框纵立剖分析图

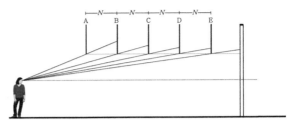
图3-4-7  门框纵立剖分析图

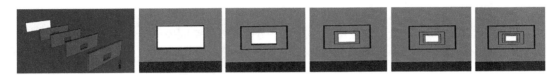
图3-4-8  窗框框景轴测图及正透视图

图3-4-9  门框轴框景轴测图及正透视图

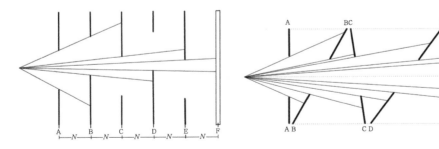
图3-4-10  水平平行错位平剖分析图          图3-4-11  水平角度错位平剖分析图

图3-4-12  水平平行错位轴测图及正透视图

图3-4-13 水平角度错位轴测图及正透视图

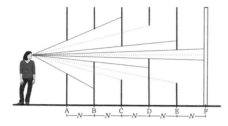

图3-4-14 垂直平行错位立剖分析图　　　　图3-4-15 垂直角度错位立剖分析图

图3-4-16 垂直平行错位轴测图及正透视图

图3-4-17 垂直角度错位轴测图及正透视图

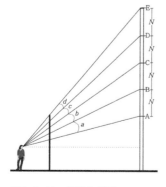

图3-4-18 仰视分析图

图3-4-19 仰视

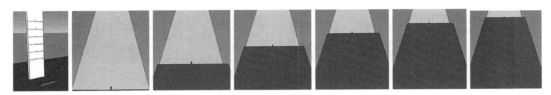

图3-4-20  仰视轴测及正透视图

### 3.4.5  法则五："眼前有画"的空间界面模式

原理：中国古典园林以画理构园，园林中的景物也就举目如画。园林中各种洞门、窗格、门框等常常充当园林的取景框，把透过窗洞看到的景物收纳其中，从而自成一幅古朴的图画（见图2-3-20~图2-3-22）。

### 3.4.6  法则六："如画"与"入画"的空间布局模式

原理：基于如画与入画的观念，根据人（视点）—景空间位置关系的不同处理方式，存在三种布局模式，分别是如画模式、入画模式、如画与入画模式。

如图2-3-23所示的"如画"模式中，人或视点在建筑之外，裸眼观看景物，建筑属于景物的一部分，人在画面之外，建筑起到点景的作用。

如图2-3-24所示的"入画"模式中，人或视点在建筑内部，通过建筑开窗观赏景物，建筑具有观景器的作用。

如图2-3-25所示的"如画和入画"模式，建筑既有观景的作用也有点景的作用，是兼具如画与入画的模式，这也是中国古典园林中最常见的布局模式。

### 3.4.7  法则七：观法四要素模式

原理：现代园林教科书将园林要素分为具有自明性的山、水、植物、建筑等，这些要素是按材料的物理特性或人工与自然特性进行的，不符合古人对造园的理解。在中国古典园林设计中，设计师心中是意境控制下的景、景的环境（或生境）、接近景的方式——路径和观赏景的方式——造景手法（见图2-3-28、图2-3-29）。

### 3.4.8  其他原理及其模式

除了上述模式之外，还要遵守一些中国古典园林常用的空间法则。

世外桃源的外环境模式：园子的外围，应该有茂密的植物或配合地形，使园子不易被发现，形成世外桃源的空间氛围。

芥子须弥的微空间模式：园子内部应该划分成多个小空间，提供多样的活动空间，并使主空间与小空间之间通过视线相互渗透。

洞天福地的城市山林模式：园内应该种植一些植物，尤其是高大的植物，形成浓荫匝地的城市山林的印象。

寻寻觅觅的入口模式：入口要隐蔽，入口应设多个，每个入口进入园子都应该是经过一次或多次转折。

小径分叉的园路模式：园子内的路径应该多分叉，提供多个选择。

扑朔迷离的视线模式：每一个视点，都应该设计多个视线，使人们左顾右盼。

层出不穷的空间模式：采用框景、漏景、分景、障景等手法，使空间层出不穷。

应接不暇的景物模式：园内景物应丰富，使每个空间、每个视线、每个视框都有景物可看。

# 3.5 模件造园训练步骤

本书通过对竹园的"解构"最终得到14个模件，练习中可以从这些模件中选用以进行模件造园练习，可以使用全部的模件，也可以使用其中的一部分。每个模件可以使用多次，也可以使用一次。为了达到熟练应用的程度，模件造园的训练大致可以分为三个阶段：其一是自由操作，这一阶段不受任何条件束缚；其二是法则控制下的操作，这一阶段可以在限定的尺度下参照空间法则（空间模式）特征；其三是结合场地的操作，该阶段遵循场地环境和空间要素。

## 3.5.1 自由操作

利用书中提供的模件，自由操作，自由组合。练习基础的模件使用，加强对模件的再认知。这一练习没有条件的约束，没有场地的束缚，可以任凭心中所想，自由选择模件中的任意几组进行操作练习，每一组模件的使用是不限次数的，这一训练的主要目的是通过组件划分空间，使初学者达到空间思维的提升训练（作品详见4.1节）。

## 3.5.2 法则控制下的操作

本书上一节模件造园操作法则中罗列了空间单元模式、空间结构模式、空间构图模式、空间手法模式、空间界面模式、空间布局模式等法则。第二阶段的模件操作过程中可以先体悟这些法则的基本内涵，然后在模件操作中有意识地应用。这一阶段的练习可以限制练习场地的面积，建议在1300m²左右（作品详见4.2节）。

### 3.5.3　结合场地的操作

在上述训练的基础上，选择一定的实际场地，结合场地的内外环境、功能需求、地形、植物等，须考虑到路线的变化、视线的转折、空间的划分等，合理使用模件，进行实际造园设计，这是模件造园的实战（作品详见4.3节）。

# 4
# 作品集锦——中国古典园林现代转译的 模件化空间操作效果

## 4.1 自由操作的作品集锦

### 4.1.1 操作指南

自由操作是在不受任何环境的影响下，在设定的30m×40m的场地内使用书中的任意模件组合，最后得到单纯意义上的空间模型。这种空间模型不具有任何功能，只是通过这些模件的组合在空白的场地上形成空间的分割和划分。

### 4.1.2 自由操作作品

1）作品1

设计：本组作品由河南农业大学 2019 级风景园林硕士研究生杨清设计。

指导教师：刘路祥、田朝阳。

详见表4-1-1。

2）作品2

设计：本组作品由河南农业大学 2018 级风景园林硕士研究生陈琳设计。

指导教师：刘路祥、田朝阳。

详见表4-1-2。

3）作品3

设计：本组作品由河南农业大学2018级风景园林硕士研究生宋娜娜设计。

指导教师：刘路祥、田朝阳。

详见表4-1-3。

**第 1 组自由操作的设计作品展示**　　　　　　　　　　　表 4-1-1

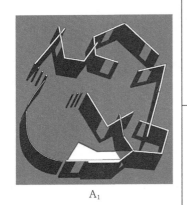

A₁

A₁ 透视效果 1       A₁ 透视效果 2

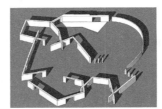

A₁ 透视效果 3       A₁ 透视效果 4

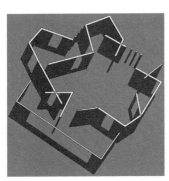

A₂

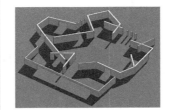

A₂ 透视效果 1       A₂ 透视效果 2

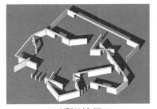

A₂ 透视效果 3       A₂ 透视效果 4

续表

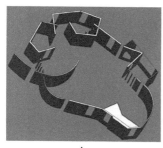

$A_3$

$A_3$ 透视效果 1

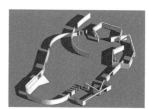

$A_3$ 透视效果 2

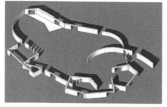

$A_3$ 透视效果 3

$A_3$ 透视效果 4

资料来源：河南农业大学 2019 级风景园林硕士研究生杨清绘制，刘路祥整理排版。

第 2 组自由操作的设计作品展示

表 4-1-2

$B_1$

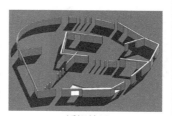

$B_1$ 透视效果 1

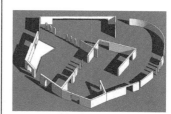

$B_1$ 透视效果 2

$B_1$ 透视效果 3

$B_1$ 透视效果 4

续表

$B_2$

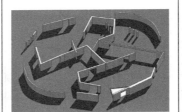

$B_2$ 透视效果 1

$B_2$ 透视效果 2

$B_2$ 透视效果 3

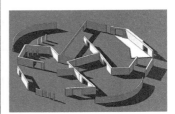

$B_2$ 透视效果 4

$B_3$

$B_3$ 透视效果 1

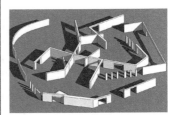

$B_3$ 透视效果 2

$B_3$ 透视效果 3

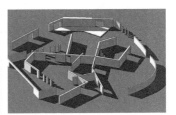

$B_3$ 透视效果 4

资料来源：河南农业大学 2018 级风景园林硕士研究生陈琳绘制，刘路祥整理排版。

| 第 3 组自由操作的设计作品展示 | | 表 4-1-3 |
|---|---|---|
| 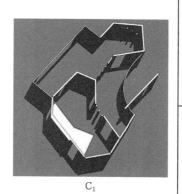<br>$C_1$ | 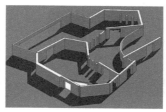<br>$C_1$ 透视效果 1 | 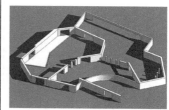<br>$C_1$ 透视效果 2 |
| | 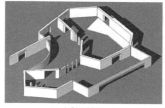<br>$C_1$ 透视效果 3 | <br>$C_1$ 透视效果 4 |
| <br>$C_2$ | <br>$C_2$ 透视效果 1 | <br>$C_2$ 透视效果 2 |
| | <br>$C_2$ 透视效果 3 | 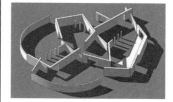<br>$C_2$ 透视效果 4 |

续表

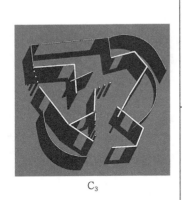

C₃

C₃ 透视效果 1

C₃ 透视效果 3

C₃ 透视效果 2

C₃ 透视效果 4

资料来源：河南农业大学 2018 级风景园林硕士研究生宋娜娜绘制，刘路祥整理排版。

4）作品4

设计：本组作品由河南农业大学 2018 级风景园林硕士研究生黄文铎设计。

指导教师：刘路祥、田朝阳。

详见表4-1-4。

**第 4 组自由操作的设计作品展示**                          表 4-1-4

D₁

D₁ 透视效果 1

D₁ 透视效果 2

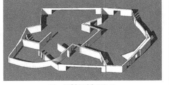

D₁ 透视效果 3

D₁ 透视效果 4

续表

| | | |
|---|---|---|
| <br>D₂ | 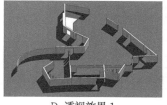<br>D₂ 透视效果 1 | 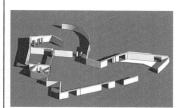<br>D₂ 透视效果 2 |
| | 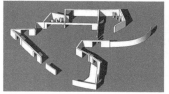<br>D₂ 透视效果 3 | 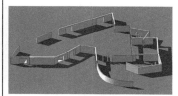<br>D₂ 透视效果 4 |
| <br>D₃ | 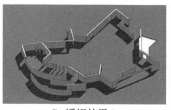<br>D₃ 透视效果 1 | 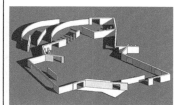<br>D₃ 透视效果 2 |
| | 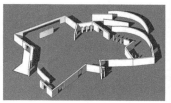<br>D₃ 透视效果 3 | <br>D₃ 透视效果 4 |

资料来源：河南农业大学 2018 级风景园林硕士研究生黄文铎绘制，刘路祥整理排版。

5）作品5

设计：本组作品由河南农业大学2019级风景园林硕士研究生王文怡设计。

指导教师：刘路祥、田朝阳。

详见表4-1-5。

| 第 5 组自由操作的设计作品展示 | | 表 4-1-5 |

E₁

E₁ 透视效果 1

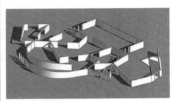

E₁ 透视效果 2

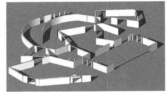

E₁ 透视效果 3

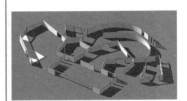

E₁ 透视效果 4

E₂

E₂ 透视效果 1

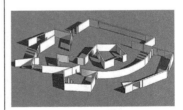

E₂ 透视效果 2

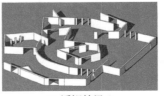

E₂ 透视效果 3

E₂ 透视效果 4

续表

E₃

E₃ 透视效果 1

E₃ 透视效果 2

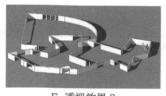

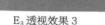

E₃ 透视效果 3

E₃ 透视效果 4

资料来源：河南农业大学 2019 级风景园林硕士研究生王文怡绘制，刘路祥整理排版。

### 4.1.3　模件教学课堂练习作品展示

设计：本组作品（图4-1-1）由淮北师范大学2020级风景园林本科1班曹加旭、丁金金、窦智明、郭贺玲、郭红妍、何顶旺、何振东、胡若瑜、胡抒晴、黄慧玲、黄翔宇、江琳轩、金玥涵、梁梦晴、梁修禹、刘晨雨、刘磊、卢自力、骆扬、马焱韬、秦伊果、任培根、舒星宇、孙佳傲、孙琪铭、孙宇等同学共同设计。

指导教师：刘路祥、颜婷婷。

图4-1-1　《风景园林设计初步》课程模件练习作业（1）
（资料来源：淮北师范大学2018级风景园林本科生包平安、李闳拍摄）

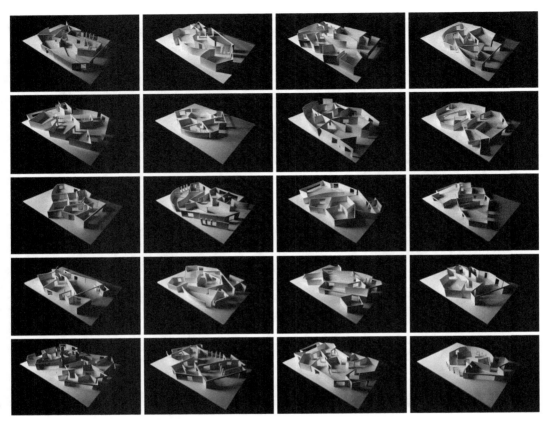

图4-1-1 《风景园林设计初步》课程模件练习作业（2）<br>
（资料来源：淮北师范大学2018级风景园林本科生包平安、李闵拍摄）

## 4.2 法则控制下的作品集锦

### 4.2.1 操作指南

    法则控制下的模件操作可以思考利用下述法则中的一种或多种，但也不必受到法则的束缚（详见3.4节）。

    法则一：复合线、复合形、复合空间的复合型空间单元模式。

法则二："一池一山"模式、"一池三岛"模式、"围合+豁口（桃花源）"模式的空间结构模式。

法则三：复合空间、复合路径、中心水域、池岛结构、凸角物体可以使实线和动线分离，"步移景异"的空间构图模式。

法则四：遮挡地面、框景、框景错位、仰视、俯视的"小中见大"空间手法模式。

法则五："眼前有画"的空间界面模式。

法则六："如画"与"入画"的空间布局模式。

法则七：景、境、路径、造景手法的空间要素模式。

其他法则：

（1）世外桃源的外环境模式：园子的外围，应该有茂密的植物或配合地形，使园子不易被发现，形成世外桃源的空间氛围。

（2）芥子须弥的微空间模式：园子内部应该划分成多个小空间，提供多样的活动空间，并使主空间与小空间之间通过视线相互渗透。

（3）洞天福地的城市山林模式：园内应该种植一些植物尤其是高大的植物，形成浓荫匝地的城市山林的印象。

（4）寻寻觅觅的入口模式：入口要隐蔽，入口应设多个，每个入口进入园子都应该是经过一次或多次转折。

（5）小径分岔的园路模式：园子内的路径应该多分岔，提供多个选择。

（6）扑朔迷离的视线模式：每一个视点，都应该设计多个视线，使人们左顾右盼。

（7）层出不穷的空间模式：采用框景、漏景、分景、障景等手法，使空间层出不穷。

（8）应接不暇的景物模式：园内景物应丰富，使每个空间、每个视线、每个视框都有景物可看。

## 4.2.2 作品简介

1）作品1

设计：该作品（图4-2-1～图4-2-5）由淮北师范大学 2018 级风景园林本科生包平安设计。

指导教师：刘路祥、颜婷婷。

（1）法则一的应用分析：空间单元模式，复合线、复合形、复合空间（图4-2-1）

（2）法则四的应用分析："小中见大"的空间手法模式（图4-2-2、图4-2-3）

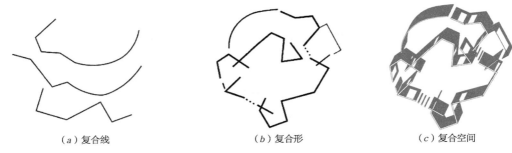

（a）复合线　　　　　　　　　（b）复合形　　　　　　　　　（c）复合空间

图4-2-1　作品1法则一空间单元模式的应用分析

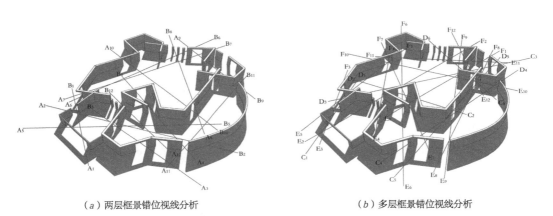

（a）两层框景错位视线分析　　　　　　　　　（b）多层框景错位视线分析

图4-2-2　作品1法则四"小中见大"的空间手法模式应用分析一

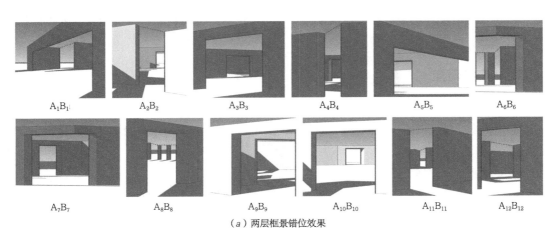

$A_1B_1$　　　　$A_2B_2$　　　　$A_3B_3$　　　　$A_4B_4$　　　　$A_5B_5$　　　　$A_6B_6$

$A_7B_7$　　　　$A_8B_8$　　　　$A_9B_9$　　　　$A_{10}B_{10}$　　　　$A_{11}B_{11}$　　　　$A_{12}B_{12}$

（a）两层框景错位效果

图4-2-3　作品1法则四"小中见大"的空间手法模式应用分析二（1）

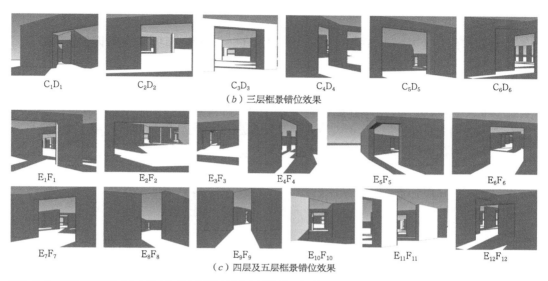

$C_1D_1$　　　　$C_2D_2$　　　　$C_3D_3$　　　　$C_4D_4$　　　　$C_5D_5$　　　　$C_6D_6$

（b）三层框景错位效果

$E_1F_1$　　　　$E_2F_2$　　　　$E_3F_3$　　　　$E_4F_4$　　　　$E_5F_5$　　　　$E_6F_6$

$E_7F_7$　　　　$E_8F_8$　　　　$E_9F_9$　　　　$E_{10}F_{10}$　　　　$E_{11}F_{11}$　　　　$E_{12}F_{12}$

（c）四层及五层框景错位效果

图4-2-3　作品1法则四"小中见大"的空间手法模式应用分析二（2）

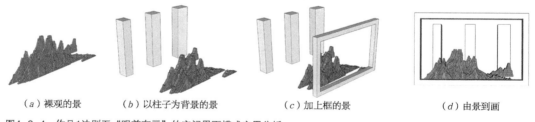

（a）裸观的景　　　（b）以柱子为背景的景　　　（c）加上框的景　　　　（d）由景到画

图4-2-4　作品1法则五"眼前有画"的空间界面模式应用分析

（a）如画模式　　　　　　（b）入画模式　　　　　　（c）如画与入画模式

图4-2-5　作品1法则六"如画"与"入画"的空间布局模式应用分析

（3）法则五的应用分析："眼前有画"的空间界面模式（图4-2-4）

（4）法则六的应用分析："如画"与"入画"的空间布局模式（图4-2-5）

2）作品2

设计：该作品（图4-2-6～图4-2-10）由淮北师范大学 2018 级风景园林本科生李闵
设计。

指导教师：刘路祥、颜婷婷。

（1）法则一的应用分析：空间单元模式：复合线、复合形、复合空间（图4-2-6）

（2）法则四的应用分析："小中见大"的空间手法模式（图4-2-7、图4-2-8）

（3）法则五的应用分析："眼前有画"的空间界面模式（图4-2-9）

（4）法则六的应用分析："如画"与"入画"的空间布局模式（图4-2-10）

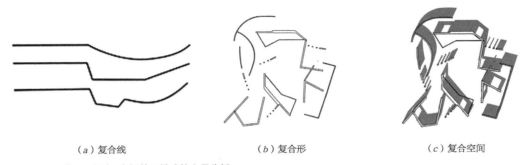

（a）复合线  （b）复合形  （c）复合空间

图4-2-6　作品2法则一空间单元模式的应用分析

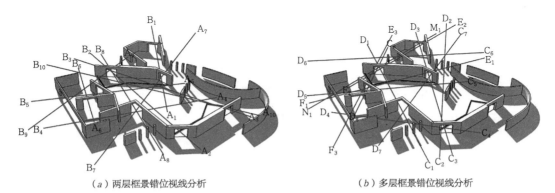

（a）两层框景错位视线分析  （b）多层框景错位视线分析

图4-2-7　作品2法则四"小中见大"的空间手法模式应用分析

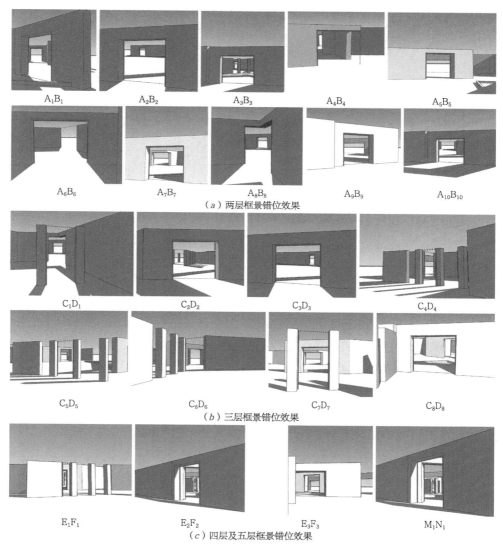

$A_1B_1$　　$A_2B_2$　　$A_3B_3$　　$A_4B_4$　　$A_5B_5$

$A_6B_6$　　$A_7B_7$　　$A_8B_8$　　$A_9B_9$　　$A_{10}B_{10}$

（a）两层框景错位效果

$C_1D_1$　　$C_2D_2$　　$C_3D_3$　　$C_4D_4$

$C_5D_5$　　$C_6D_6$　　$C_7D_7$　　$C_8D_8$

（b）三层框景错位效果

$E_1F_1$　　$E_2F_2$　　$E_3F_3$　　$M_1N_1$

（c）四层及五层框景错位效果

图4-2-8　作品2法则四"小中见大"的空间手法模式应用分析

（a）裸观的景　　（b）以粉墙为背景的景　　（c）加上框的景　　（d）由景到画

图4-2-9　作品2法则五"眼前有画"的空间界面模式应用分析

　（a）如画模式　　　　　　　　　（b）入画模式　　　　　　（c）如画与入画模式

图4-2-10　作品2法则六"如画"与"入画"的空间布局模式应用分析

# 4.3　结合场地的作品集锦

## 4.3.1　操作指南

　　这里的设计是结合场地的具体设计，利用模件形成空间的围合和划分，结合园路、水体、植物等造园要素，形成具有实际功能的活动空间。这个活动空间可以是在校园的某个角落，可以是在街头的某个街角，可以是在居住区的邻里之间，可以是公园的某处空间，模件形成的空间可以是固定的永久性空间，也可以是可拆卸的临时性的展示空间。

　　本书的该节设计依然保持了模件的本原，未对模件进行改变和引申。这里需要特殊说明的是，在未来的学习中、训练中、设计中设计者可以根据实际的场地需要、具体的空间需求对模件进行适当的改造和引申，以求创造更为多变的视觉转换和更为丰富的空间体验。

## 4.3.2　作品简介

　　1）作品1

　　设计：该作品（图4-3-1～图4-3-7）由淮北师范大学 2018 级风景园林本科生包平安设计。

　　指导教师：刘路祥、颜婷婷。

　　（1）模件空间划分（图4-3-1～图4-3-3）

　　（2）爆炸分析图（图4-3-4）

　　（3）场地剖面图（图4-3-5、图4-3-6）

　　（4）效果展示（图4-3-7）

图4-3-1 作品1总体平面图

图4-3-2 作品1体验区空间划分

图4-3-3 作品1体验区主要视线分析

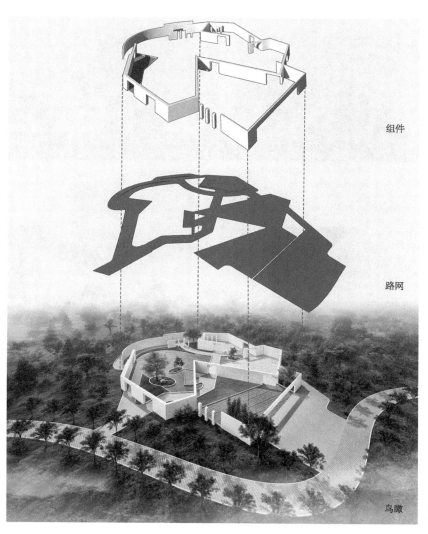

组件

路网

鸟瞰

图4-3-4 作品1模件
置入场地

图4-3-5　作品1A-A剖面

图4-3-6　作品1B-B剖面

图4-3-7　作品1内部空间视觉效果呈现（1）

图4-3-7　作品1内部空间视觉效果呈现（2）

2）作品2

设计：该作品（图4-3-8～图4-3-14）由淮北师范大学 2018 级风景园林本科生李闵设计。

指导教师：刘路祥、颜婷婷。

（1）模件空间划分（图4-3-8～图 4-3-10）

（2）爆炸分析图（图4-3-11）

（3）场地剖面图（图4-3-12、图 4-3-13）

（4）效果展示（图4-3-14）

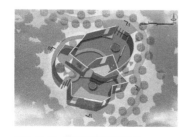 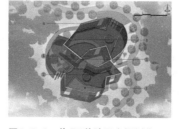 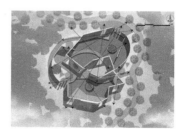

图4-3-8　作品2总体平面图　　　　图4-3-9　作品2体验区空间划分　　　　图4-3-10　作品2体验区主要视线分析

组件

路网

鸟瞰

图4-3-11　作品2模件置入场地

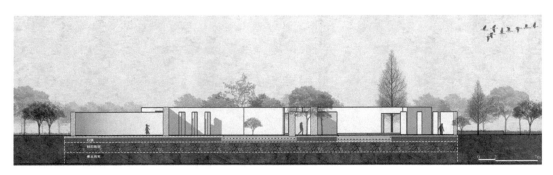

图4-3-12　作品2A-A剖面

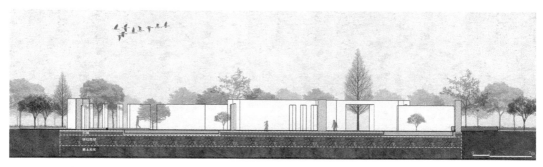

图4-3-13　作品2B-B剖面

图4-3-14　作品2内部空间视觉效果呈现

# 5

## 实践案例——郑州植物园园艺体验区空间 设计研究①

　　"研今必习古，无古不成今"，当代要建设中国特色风景园林需要传统的积淀。②时宜得致、古式何裁，孟兆祯院士提出创新须扎根于中国园林传统特色中，园林的发展要继承和传承传统特色；③张锦秋院士指出深入领会传统园林空间意识有助于把握风景园林创作思想，服务现代；④清华大学杨锐教授提出要将中国风景园林的过去、现在和未来之间的关系纳入风景园林学的"现代性"范畴，研究风景园林学"现代性"的根本意义在于完成从传统园林到现代风景园林学的转型，⑤不难看出无论过去还是现在，园林前辈和学者们从未停止对传统价值的思索。本案以"俯拾传统，与古为新"为宗旨亦是表达笔者自身对传统的一种思考。"俯拾"是一种行为，是以一种谦逊的姿态，表达对传统的尊重。"与古为新"是一种精神，是对传统的继承、发扬和反思以及对当代需求的关照，从观察和体验生活中获得灵感，不断创造新的意境。

　　每个时代都有各自的文化基础，中国当代风景园林的发展经过乱花迷

① 本节内容源自：刘路祥，田朝阳. 郑州植物园园艺体验区空间设计研究 [J]. 西南师范大学学报（自然科学版），2020，45（5）：148-155；有改动.

② 刘晓明，薛晓飞. 中国古代园林史 [M]. 北京：中国林业出版社，2017：1-2.

③ 孟兆祯. 时宜得致，古式何裁——创新扎根于中国园林传统特色中 [J]. 中国园林，2018，34（1）：5-12.

④ 张锦秋. 传统建筑的空间艺术——传统空间意识与空间美 [J]. 中国园林，2018，34（1）：13-19.

⑤ 杨锐. 论风景园林学的现代性与中国性 [J]. 中国园林，2018，34（1）：63-64.

眼到逐渐沉淀和积累，正慢慢呈现出对自身文化的自信和对设计的自省。当代园林设计一方面是回归传统，另一方面是回归当下，适应时代的需求，应用新的设计手法和技术满足当代人的生活和游憩的需要。①本章取例以回归传统为线索的郑州市植物园园艺体验区空间设计的过程和成果，探索风景园林空间营造的一种途径，展现设计者对中国古典园林的独特理解和对风景园林价值取向的一种思考。期望通过本案为中国古典园林的现代转译提供一种思路的同时也能为古典园林的发展、传承和转型起到一定的借鉴意义。

# 5.1  设计背景

郑州市植物园位于河南省郑州市中原区，2006年由上海市园林设计院设计，并于2009年在原郑州市第二苗圃用地的基础上建设而成，总用地面积共计约57.45hm²。建成后的郑州植物园园内有以植物种质收集和展示为主的十五个专类园和十个主题园等。依照原有设计，作为十个主题园之一的儿童探索园由迷宫园、林下空间和园艺体验区三部分组成，占地面积约2.9hm²，其中园艺体验区的面积约占三分之一。

如今的儿童探索园因多种原因以致渐显凋敝之状，使用率很低。2017年7月一次偶然的交流，植物园园方谈及此事，希望能够通过一次"物美价廉，尽快完成"的设计对该处进行空间提升，并提出希望园艺体验区能够形成多个空间便于日后开展园艺体验和展览活动之用的设计要求。

随后，在同年8月份便开始着手此次设计，并陆续进行了为期近两个月的沟通及修改，最终在翌年2月初施工完成并对外开放。迷宫园、林下空间和园艺体验区作为儿童探索园的三个组成部分，其中前两者是在原场地的基础上进行的改造设计，非本章论述重点。园艺体验区的设计便成了此次设计的重点，也是本章将要论述的核心。

---

① 沈实现. 与古为新 俯拾即是 [J]. 风景园林，2016（10）：57-61.

## 5.2 基址现状

### 5.2.1 体验区位置及入口环境

儿童探索园位于整个植物园的中部区域，其主入口广场为不规则四边形且被一分为二（图5-2-1）。广场的布置略显凌乱，东侧是十余个椭圆形的种植池，像落叶散落于地，南北贯穿整个入口广场并延续至迷宫区的入口。入口西侧是两座花架南北向一字排开，从花架下进入可直通园区最北端的草坪。而从广场一直到最北端的草坪区域加之西侧区域正是此次设计的用地范围——园艺体验区（图5-2-2）。

图5-2-1　用地范围

### 5.2.2 体验区主要问题

园艺体验区内现状仅有几条小径于草坪间纵横交错。体验区内未见空间层次之划分，更无从谈及空间体验。立于入口广场的西北角或行进于主干道上，园艺体验区内除几棵低矮的灌木

图5-2-2　现状鸟瞰

图5-2-3　入口及体验区现状

外，均被一览无余（图5-2-3）。由此，再想起园方提及的此处人迹罕至，使用率很低便不难理解。

　　在与园方经过深入的交流以及现场的多次调查后，此次设计面临的主要问题渐渐清晰，现将体验区存在也即本次设计将要解决的主要问题逐条总结如下：

　　（1）入口不明确，导致游人无所适从；

　　（2）空间单一，无法满足不同植物体验功能；

　　（3）空间一览无余，游人缺乏兴趣；

　　（4）道路及铺装系统不能改变；

　　（5）原有植物种植位置不能改变；

　　（6）体验区的文字解释系统（展板等）无载体。

## 5.3　设计表达

### 5.3.1　总体构思

如何在工期短、成本低的前提下解决体验区的主要问题，在园艺体验区这样一个限定的场地内形成多个空间以满足不同的园艺体验功能要求，并营造出丰富的视觉转换和空间体验以满足游人的空间趣味性需求，是设计总体构思的主要方向。

空间的形成需要通过分割和围合来实现，而园林空间划分往往通过建筑、假山、植物或地形等要素来形成。然而，由于设计用地的限制和园方的意见，设计建筑和假山的应用已无可能，且此处功能为园艺体验又无法施展大的地形堆叠。在中国古典园林中，往往通过脱离建筑物本身的单体——墙体来区分内外，分割空间，创造空间的复杂性和连绵的渐进层级。因此，折墙因其拥有轻盈的体态和分割空间的功能而成了本次设计的不二之选。并且折墙兼有造价低廉，可随意而折，避开植物；结合道路，应景开洞；又可承载文字解释系统，并能作为立体的展示界面等多重功能而成了本次设计应用的最佳选择。

### 5.3.2　划分多个空间——连续的折墙组件

在园艺体验区空间设计通过一道折线形的白粉墙[①]结合原有小径在体验区的场地内互相穿插，如此便限定了多个既清晰又模糊的空间边界（图5-3-1）。设计折墙的方向具有不确定性，表现出或与道路线形方向吻合，或与道路形成角度。折墙将园艺体验区划分出多个流动的、相互贯通的、不同尺度和形状的小空间，而这与中国古典园林典型的空间结构恰若相似（图5-3-2）。

折墙的限定与围合，在园艺体验区形成疏与密、围与透、远与近的视觉转换和丰富体验。

它如一套组件、一个观景器被置入场地内，结合原有道路将体验区分割成六个大小不等的院落。每个院落之间均有丰富形式的窗框形成的视线的交互与通透，形成了视线远与近的视觉转换，以及空间大与小的丰富体验（图5-3-3～图5-3-5）。

---

① 施工完成后，园方出于自己的考虑将墙体涂刷了不同的色彩，因此下文中图片的拍摄颜色不统一，笔者认为这并不影响本节的表达。

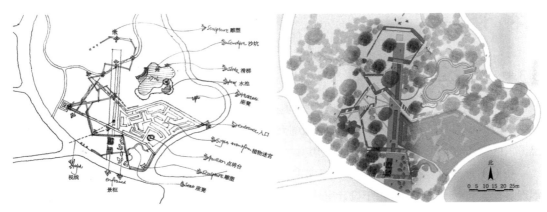

图5-3-1　构思草图                                  图5-3-2　总体平面图

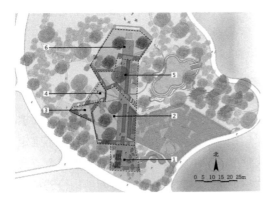

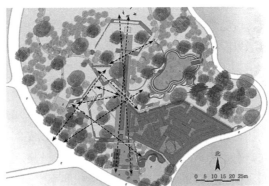

图5-3-3　体验区空间划分                          图5-3-4　体验区主要视线分析

### 5.3.3　丰富空间体验——折墙上的观法原理

#### 1. 遮挡地面

在园艺体验区有多处矮墙设计，矮墙的高度恰可允许正常高度的视线通过，因此墙后的道路上的行人可以清晰地被看到。但由于矮墙的存在，墙后的地面被遮挡，墙与建筑之间的空间距离仿若消失，在视觉体验上呈现出墙外的行人或建筑被拉到墙边的错觉（图5-3-6）。

位于园艺体验区西南角广场东侧的矮墙遮挡是形成上述视觉体验较为明显的例证。在矮墙西侧的广场上可以透过矮墙看到其东侧的一座原保留的鹿形雕塑［图5-3-7（a）］。从体验区内部看，该雕塑本来距离墙体仍有数米距离［图5-3-7（b）］，但由于此处矮墙与雕塑之间

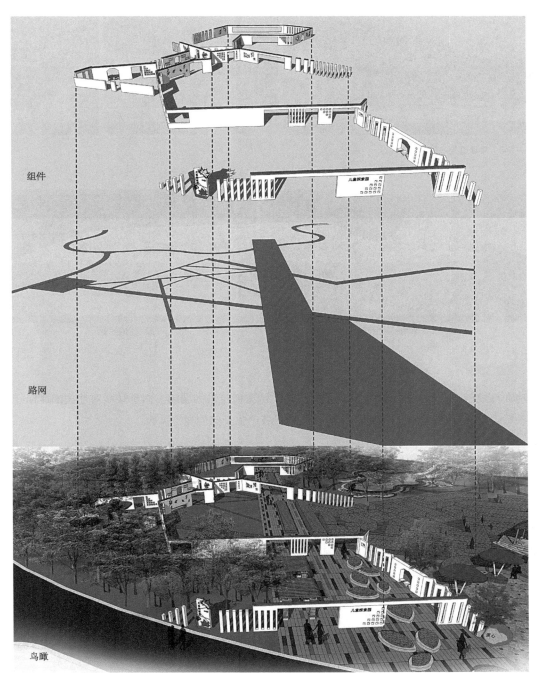

图5-3-5　折墙作为组件被置入场地

图5-3-6　矮墙遮挡地面

（a）矮墙外侧空间　　　　　　　　　　　　（b）矮墙内侧空间

图5-3-7　矮墙两侧空间

的地面被遮挡，在墙外广场上看向雕塑时会感觉雕塑被拉近到墙边。由于矮墙对地面的遮挡作用，墙之内外行走的游人经常会使得另一侧观看者产生类似的视觉体验。

2. 框景

园艺体验区内折墙的各种漏空形成一个个框景，把周围优美的景致凝固在一些特定的视点上，成为每个空间内外联系的纽带，使园艺体验区内部形成深远的景深，获得"景外意，意外妙"的效果。中国传统造园中"窗牖无拘，随宜合用，涉门成趣，得景随形"的理念在这里得到新的诠释。折墙在空间体验上带给观赏者连续不断的内与外、远与近的视觉转换，而这种体验在有限的空间中叠加的共存正是中国古典园林的精神。尽管园艺体验区面积很小，但是这种视觉转换，伴随着各种戏剧性的体验，似乎总是给人以期待，总是有未知的领域等待观赏者去发现。①

在园艺体验区的中部有三条小径交汇于主干道上，通过折墙与这三条小径共同创造了三个可供选择的方向——"三可之路"（图5-3-8）。视线透过小径上的框景依稀可以看到每条小径

① 王向荣，林箐. 竹园——诗意的空间，空间的诗意 [J]. 中国园林，2007（9）：26-29.

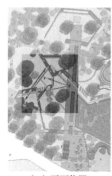

（a）平面位置

（b）通向三个未知空间的小径

图5-3-8  三可之路

图5-3-9  左侧西南方向道路

后都隐藏着一个未知的空间，每一条路的选择都带有戏剧性，充满未知和期待。

选择最左边的一条道路，沿西南向走一段距离，是一个尺度很小的被围合的院落，透过院落最南端的矮墙可以依稀看到墙外的行人（图5-3-9）。选择中间的一条道路，向西行数步，来到一个亦敞亦合的空间，道路的尽端是一组行人可坐于其间的景墙，左侧透过数根景柱视线可以看到第一个院落，右侧透过墙上的多个竖长形景框可以看到墙后的另一个空间（图5-3-10）。选择第三条略宽的道路，沿路往西北向前进，右边可以惊奇地发现一个横向长条状景框，框后是一个偌大的复杂空间，走到尽端，视线被折墙遮挡，而后右转90°面向东北方向，刚才透过横向长条状景框看到的一个偌大的空间在这里被彻底释放，但道路却在此断开，无法涉过，转身向后，一条笔直的小径引导视线透过几个框景，穿过几个空间可以看到体验区外道路上的行人（图5-3-11）。

### 3. 框景错位

园艺体验区大量框景的应用使框景错位的出现成为一种必然，然而这种形式的出现亦绝非偶然，而是一种精心的策划和安排。

图5-3-10　中间西向道路

图5-3-11　右侧西北方向道路

　　错位的框景使园内经常出现这样的错觉：透过层层叠叠的框景，会使观赏者误以为框后的错位景框是叠加在一起的，但当一个常规尺度参照的行人走入画面中时，这一空间的臆想瞬间被打破，使得空间的深度瞬间被拉大。由此不免让人联想到在中国山水画中频频出现的人物引起的尺度的反常感。

　　园艺体验区最北段的院落从西侧沿小径东行，入园之前是一个门框，透过门框后边是层层叠叠的数个门框形成的错位框景，视觉体验上框后的空间距离很小，当一个常规尺度的行人走入这错位的景框之间，观赏者会异常惊奇地发现每层框景之间竟有如此大的距离深度（图5-3-12），而这在中国古典园林亦屡见不鲜。框景错位在园艺体验区的空间设计中被频繁应用亦使类似的视觉效果和空间体验频频出现（图5-3-13）。

　　4. 下察

　　园艺体验区的空间设计中未作大的地形处理，但有一处利用中国美术学院王欣老师在《如画观法》中称为"下察"的手法设计的长方形景框。俯身透过此处可以观察到框后行人游走的下半身。框后本是一条由远及近且与景框左侧相交的半米宽的小路，由于观看者需要俯身观看，视线被压低，框后的小路视觉上失去了宽度而变成了一条紧贴地面的直线。路上的行人就变成了在这条"直线"上游走的错觉。行人在"直线"上走近时，不远的短短一段距离会感觉行人变大了数许。如果不是这一设计高度的限定，大概极少会有人俯身察看到框后的这一世界，或许这也正是王欣教授区分于框景而提出下察这一手法的用意。

（a）平面位置　　　　　　　　　　　　　（b）框景错位的视觉效果

图5-3-12　框景错位形成的视觉效果

图5-3-13　形式丰富的框景错位

## 5.4　设计之后的思考

郑州植物园园艺体验区空间设计是对中国古典园林现代诠释的一次尝试，尽管它的形式语言与古典园林没有直接联系，但它带给人们的视觉转换和气氛体验与中国古典园林是相似的。

这反映了设计者对中国古典园林深层面的思考，表达了设计者对中国古典园林的独特理解和现代美学的追求。这为中国古典园林的现代转译提供了一种思路，同时也将为古典园林的传承、发展和转型起到特殊的借鉴意义。

把握古典园林的启示意义，突破"传统"与"现代"的束缚，将传统融入现代设计，在保持民族文化延续的基础上，探索中国园林创作的历史机遇，是当代中国特色风景园林建设的必由之路。我们期待中国园林的后续之路能够越走越宽，未来的古典园林真正融入现代，绽放出更加瞩目的光芒，具有并保持其独特的文化魅力和艺术价值。正如鲁迅先生所言的："外之既不后于世界之思潮，内之仍弗失固有之血脉"。[①]

郑州植物园儿童探索园园艺体验区设计项目

面　　积：9800m²

设　　计：刘路祥、田朝阳

设计时间：2017年8月～2017年10月

建成时间：2018年2月

---

[①] 出自鲁迅1908年发表的《文化偏至论》，是对当时中国新文化提出的要求，表明对待文化要从中国与世界、今天与历史的关系出发。

# 参考文献

[1]（德）雷德侯. 万物：中国艺术中的模件化和规模化生产 [M]. 张总，等，译. 党晟，校. 北京：生活·读书·新知三联书店，2012.

[2] 田朝阳. 中国古典园林与现代转译十五讲 [M]. 北京：中国建筑工业出版社，2017.

[3] 朱雷. 空间操作：现代建筑空间设计及教学研究的基础与反思 [M]. 南京：东南大学出版社，2010.

[4] 王欣. 如画观法 [M]. 上海：同济大学出版社，2015.

[5] 王欣，金秋野. 乌有园：第二辑 [M]. 上海：同济大学出版社，2017.

[6] 董豫赣. 玖章造园 [M]. 上海：同济大学出版社，2016.

[7] 童寯. 东南园墅 [M]. 童明，译. 长沙：湖南美术出版社，2018.

[8] 周维权. 中国古典园林史 [M]. 北京：清华大学出版社，1999.

[9] 彭一刚. 中国古典园林分析 [M]. 北京：中国建筑工业出版社，2006.

[10] 俞孔坚. 理想景观探源 [M]. 北京：商务印书馆，1998.

[11] 王向荣，林箐. 西方现代景观设计的理论与实践 [M]. 北京：中国建筑工业出版社，2002.

[12]（明）计成. 园冶注释 [M]. 陈植，注释. 北京：中国建筑工业出版社，1988.

[13] 卢永毅. 建筑理论的多维视野 [M]. 北京：中国建筑工业出版社，2009.

[14] 汤凤龙. "匀质"的秩序与"清晰的建造"[M]. 北京：中国建筑工业出版社，2012.

[15] 潘谷西. 中国建筑史（第五版）. [M]. 北京：中国建筑工业出版社，2004.

[16] 侯幼斌. 中国建筑美学 [M]. 北京：中国建筑工业出版社，2009.

[17]（美）詹克斯，（美）克罗普夫. 当代建筑的理论和宣言 [M]. 张鹏，译. 北京：中国建筑工业出版社，2005.

[18]（意）赛维. 现代建筑语言 [M]. 王虹，席云平，译. 北京：中国建筑工业出版社，2005.

[19] 冯纪忠，王大闳. 久违的现代 [M]. 上海：同济大学出版社，2017.

[20] 刘晓明，薛晓飞. 中国古代园林史 [M]. 北京：中国林业出版社，2017.

[21] 吴蓬，杨为国. 芥子园画谱 [M]. 桂林：广西师范大学出版社，2002.

[22] 第六届中国（厦门）国际园林花卉博览会风景园林师园作品展示 [J]. 风景园林，2007（4）：55-71.

[23] 王向荣，林箐. 竹园——诗意的空间，空间的诗意 [J]. 中国园林，2007（9）：26-27.

[24] 王向荣. 四盒园 [J]. 中国园林，2010，26（6）：51-53.

[25] 王向荣. 四盒园——空间和诗意的花园 [J]. 风景园林，2010（2）：142-146.

[26] 王向荣. 西安世园会的大师和大师园 [J]. 风景园林，2010（2）：86-89.

[27] 王向荣，林箐. 自然的含义 [J]. 中国园林，2007（1）：6-17.

[28] 田朝阳，闫一冰，卫红. 基于线、形分析的中外园林空间解读 [J]. 中国园林，2015，31（1）：94-100.

[29] SCHWARTZ M，王晓京，张广源. 迷宫园 [J]. 建筑学报，2011（8）：45-47.

[30] 吴军基，田朝阳，杨秋生. 竹园的中国"芯"[J]. 华中建筑，2012，30（4）：141-143.

[31] 田朝阳，孙文静，杨秋生. 基于神话传说的中西方古典园林结构"法式"探讨 [J]. 北京林业大学学报（社会科学版），2014，13（1）：51-57.

[32] 陈晶晶，田芃，田朝阳. 中国传统园林时间设计的整体空间"法式"初探 [J]. 风景园林，2015（8）：125-129.

[33] 冯仕达，刘世达，孙宇. 苏州留园的非透视效果 [J]. 建筑学报，2016（1）：36-39.

[34] 顾凯. 中国园林中"如画"欣赏与营造的历史发展及形式关注——兼评《两种如画美学观念与园林》[J]. 建筑学报，2016（9）：57-61.

[35] 顾凯. 画意原则的确立与晚明造园的转折 [J]. 建筑学报，2010（S1）：127-129.

[36] 张大玉，任兰红. 从"竹园"看中国古典园林的现代诠释 [J]. 中国园林，2013，29（6）：59-64.

[37] 王澍，陆文宇. 中国美术学院象山校园山南二期工程设计 [J]. 时代建筑，2008（3）：72-85.

[38] 王昀. "解构"密斯的巴塞罗那德国馆 [J]. 华中建筑，2002（1）：13.

[39] 王昀. 从巴塞罗那德国馆的建筑平面中读解密斯的设计概念 [J]. 华中建筑，2002（1）：11-12，17.

[40] 顾凯. 晚明江南造园的转变 [J]. 中国建筑史论汇刊，2008：309-340.

[41] 赵纪军. 中国古代亭记中"亭踞山巅"的风景体验 [J]. 中国园林，2017，33（9）：10-16.

[42] 顾凯. 中国传统园林中"亭踞山巅"的再认识：作用、文化与观念变迁 [J]. 中国园林，2016，32（7）：78-83.

[43] 王欣. 侧坐莓苔草映身 [J]. 建筑师，2013（1）：32-34.

[44] 王欣. 建筑需要如画的观法 [J]. 新美术，2013，34（8）：31-53.

[45] 王欣. 如画观法研究课程作品七则 [J]. 建筑学报，2014（6）：20-23.

[46] 金秋野. 凝视与一瞥 [J]. 建筑学报，2014（1）：18-29.

[47] 吴洪德. 中国园林的图解式转换——建筑师王欣的园林实践 [J]. 时代建筑，2007（5）：116-121.

[48] 王宝珍. 从方法追寻到形式探索——《乌有园》与《如画观法》书评 [J]. 建筑学报，2015（12）：111.

[49] 葛明. 体积法（1）：设计方法系列研究之一 [J]. 建筑学报，2013（8）：7-13.

[50] 葛明. 体积法（2）：设计方法研究系列之一 [J]. 建筑学报，2013（9）：1-7.

[51] 王昀. 巴塞罗那世界博览会德国馆探访 [J]. 华中建筑，2001（5）：19-20.

[52] 杨联. 从梦想到现实——第六届中国（厦门）国际园林花卉博览会风景园林师园区建设历程 [J]. 风景园林，2007（4）：53-54.

[53] 罗文媛，赵明耀. 谈建筑形式的抽象与表达 [J]. 哈尔滨建筑工程学院学报，1992（4）：88-91.

[54] 俞孔坚，王向荣，章俊华，等. 风景园林师访谈 [J]. 风景园林，2007（4）：72-73.

[55] 黄居正，王昀，王晖，等. 现代建筑＝空间＋抽象性？[J]. 建筑师，2006（2）：183-191.

［56］王澍. 自然形态的叙事与几何——宁波博物馆创作笔记［J］. 时代建筑，2009（3）：
　　　66-79.

［57］顾孟潮. 冯纪忠先生被我们忽略了——中国建筑师（包括风景园林师、规划师）为什么
　　　总向西看［J］. 中国园林，2015，31（7）：41-42.

［58］刘滨谊，唐真. 冯纪忠先生风景园林思想理论初探［J］. 中国园林，2014，30（2）：
　　　49-53.

［59］王骏阳. 从密斯的巴塞罗那馆看个案作品的建构分析与西建史教学的关系［J］. 建筑师，
　　　2008（1）：50-54.

［60］翟俊. 折叠在传统园林里的现代性［J］. 中国园林，2014，30（12）：63-66.

［61］孟兆祯. 时宜得致，古式何裁——创新扎根于中国园林传统特色中［J］. 中国园林，
　　　2018，34（1）：5-12.

［62］张锦秋. 传统建筑的空间艺术——传统空间意识与空间美［J］. 中国园林，2018，34
　　　（1）：13-19.

［63］杨锐. 论风景园林学的现代性与中国性［J］. 中国园林，2018，34（1）：63-64.

［64］沈实现. 与古为新 俯拾即是［J］. 风景园林，2016（10）：57-61.

［65］钟宏亮，姜伯源. 建筑观景器：王维仁西溪湿地设计中的动景再框与倾斜诗意［J］. 时
　　　代建筑，2012（4）：138-145.

［66］王珲，王云才. 苏州古典园林典型空间及其图式语言探讨——以拙政园东南庭院为例［J］.
　　　风景园林，2015（2）：86-93.

**图书在版编目（CIP）数据**

模件造园：中国古典园林现代空间设计教程／田朝
阳等著. —北京：中国建筑工业出版社，2022.8（2023.11重印）
ISBN 978-7-112-27499-4

Ⅰ. ①模… Ⅱ. ①田… Ⅲ. ①古典园林—园林设计—
中国—教材 Ⅳ. ①TU986.62

中国版本图书馆CIP数据核字（2022）第101074号

责任编辑：张　建　焦　扬
版式设计：锋尚设计
责任校对：张惠雯

本书为安徽高校人文社会科学研究重点项目"中国古典园林空间模件化
及现代转译研究"（SK2021A0312）研究成果。

**模件造园**
——中国古典园林现代空间设计教程
田朝阳　刘路祥　等　著

＊

中国建筑工业出版社出版、发行（北京海淀三里河路9号）
各地新华书店、建筑书店经销
北京锋尚制版有限公司制版
北京中科印刷有限公司印刷

＊

开本：787毫米×1092毫米　1/16　印张：8¾　字数：184千字
2022年8月第一版　2023年11月第二次印刷
定价：**48.00**元
ISBN 978-7-112-27499-4
（39637）